写给设计师的书

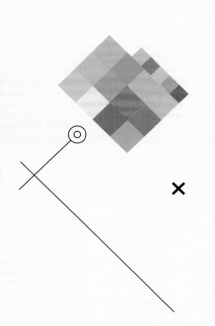

软装饰

设计手册

董辅川　王　萍　编著

U0343006

清华大学出版社

北京

内 容 简 介

　　本书是一本全面介绍软装饰设计的图书，突出知识易懂、案例趣味、动手实践、发散思维。

　　本书从学习软装饰设计的基础知识入手，循序渐进地为读者呈现一个个精彩实用的知识、技巧。本书共分为7章，内容分别为软装饰设计的原理，软装饰设计的色彩基础知识，室内家居设计的基础色，软装饰设计的元素，软装饰设计的风格，软装饰设计的视觉印象，室内软装饰设计秘籍。同时，在本书第4~6章的每章节后面还特意安排了大型的"设计实例"，详细为读者分析一个完整的综合设计的思路、扩展等。并且在多个章节中安排了案例解析、设计技巧、配色方案、设计欣赏、设计实战、设计秘籍等经典模块，丰富本书结构的同时，也增强了实用性。

　　本书内容丰富、案例精彩、版式设计新颖，适合软装饰设计师、室内设计师、环境设计师、初级读者学习使用，也可以作为大中专院校环境艺术设计专业及软装饰设计培训机构的教材，也非常适合喜爱软装饰设计的读者朋友作为参考用书。

图书在版编目 (CIP) 数据

软装饰设计手册 / 董辅川，王萍编著． -- 北京：清华大学出版社，2018
　（写给设计师的书）

ISBN 978-7-302-50245-6

Ⅰ．①软⋯　Ⅱ．①董⋯　②王⋯　Ⅲ．①室内装饰设计—手册　Ⅳ．① TU238.2-62

中国版本图书馆 CIP 数据核字 (2018) 第 114725 号

责任编辑：韩宜波
封面设计：杨玉兰
责任校对：周剑云
责任印制：丛怀宇

出版发行：清华大学出版社
　　　　　网　　　址：http://www.tup.com.cn, http://www.wqbook.com
　　　　　地　　　址：北京清华大学学研大厦 A 座　　　　邮　　编：100084
　　　　　社 总 机：010-62770175　　　　　　　　　　　邮　　购：010-62786544
　　　　　投稿与读者服务：010-62776969, c-service@tup.tsinghua.edu.cn
　　　　　质量反馈：010-62772015, zhiliang@tup.tsinghua.edu.cn
印 装 者：北京亿浓世纪彩色印刷有限公司
经　　销：全国新华书店
开　　本：190mm×260mm　　印　　张：12.5　　字　　数：305 千字
版　　次：2018 年 7 月第 1 版　　印　　次：2018 年 7 月第 1 次印刷
定　　价：69.80 元

产品编号：076690-01

前言 FOREWORD

　　本书是笔者对从事软装饰设计工作多年的一个总结，是让读者少走弯路寻找设计捷径的实用手册。书中包含了软装饰设计必学的基础知识及经典技巧。身处设计行业，你一定要知道"光说不练假把式"，本书不仅有理论和精彩案例赏析，还有大量的模块启发你的大脑,锻炼你的设计能力。

　　希望读者看完本书后，不会说："我看完了，挺好的，作品好看，分析也挺好的。"这不是笔者编写本书的目的。我们希望读者会说："本书给我更多的是思路的启发，让我的思维更开阔，学会了设计的举一反三，知识通过吸收消化可以变成自己的。"这是笔者编写本书的初衷。

本书共分7章，具体安排如下

第1章 软装饰设计的原理，介绍软装饰设计的概念、点、线、面、软装饰设计的原则、设计的法则，是最简单、最基础的原理部分。

第2章 软装饰设计的色彩基础知识，包括色相、明度、纯度、主色、辅助色、点缀色等。

第3章 软装饰设计的基础色，从红、橙、黄、绿、青、蓝、紫、黑、白、灰10种颜色，逐一分析讲解每种色彩在软装饰设计中的应用规律。

第4章 软装饰设计的元素，其中包括灯饰、窗帘、织物、壁纸、绿植、挂画、花艺、饰品8种。

第5章 软装饰设计的风格，其中包括9种不同行业的软装饰设计的详解。

第6章 软装饰设计的视觉印象，其中包括9种不同的视觉印象。

第7章 室内软装饰设计秘籍，精选15个设计秘籍，让读者轻松愉快地学习完最后的部分。本章也是对前面章节知识点的巩固和理解,需要读者动脑筋去思考。

本书特色如下

◎ 轻鉴赏，重实践。鉴赏类书籍只能看，看完自己还是设计不好；本书则不同，增加了多个动手的模块，可以让读者边看边学边练。

◎ 章节合理，易吸收。第 1~3 章主要讲解软装饰设计的基本知识，第 4~6 章介绍软装饰设计的元素、风格、视觉印象，最后一章以轻松的方式介绍 15 个设计秘籍。

◎ 设计师编写，写给设计师看。针对性强，而且知道读者的需求。

◎ 模块超丰富。案例解析、设计技巧、配色方案、设计欣赏、设计实战、设计秘籍在本书都能找到，一次性满足读者的所有求知欲。

◎ 本书是系列书中的一本。在本系列书中读者不仅能系统地学习软装饰设计，而且还有更多的设计专业书供读者选择。

本书希望通过对知识的归纳总结、趣味的模块讲解，打开读者的思路，避免一味地照搬书本内容，推动读者多做尝试、多理解，增加动脑、动手的能力。希望通过本书，激发读者的学习兴趣，开启设计的大门，帮助你迈出第一步，圆你一个设计师的梦！

本书由董辅川、王萍编著，其他参与本书编写的人员还有柳美余、苏晴、郑鹊、李木子、矫雪、胡娟、马鑫铭、杨建超、马啸、孙雅娜、李路、于燕香、孙芳、丁仁雯、张建霞、马扬、王铁成、崔英迪、高歌。

由于编者水平有限，书中难免存在错误和不妥之处，敬请广大读者批评和指正。

编　者

目录

第4章
CHAPTER4
P/60
软装饰设计的元素

第5章 CHAPTER5
P/97 软装饰设计的风格

第1章 软装饰设计的原理

　　室内设计的舒适度决定了人们的生活质量，进行空间设计、家具陈列，要从不同角度、以不同的方式，由整体到局部地布置，不放过每一个细节。其中软装饰设计是非常重要的环节。软装饰设计是通过那些易更换、易变动的家具、布艺和饰品，如矮柜、窗帘、抱枕、装饰画、工艺品等，来对室内已经装修完的空间进行再次装饰。软装饰可以根据主人的生活习惯、经济情况结合空间的大小，最终对空间进行装饰，使得整体空间变得符合用户需求。软装饰相对于硬装饰具有灵活性，可以随时更新，增添不同的新元素，对于陈旧的家具，不需要花费很多钱重新进行更换，就能使空间呈现出新面貌，给人新鲜的感觉。

1.1 软装饰设计的概念

　　软装饰设计是指空间可移动的元素，包括家具、装饰画、窗帘、灯具、绿植、地毯等物品，通过合理的布局与装饰，使得空间由多个部分构成一个整体，使家居的风格、家具的摆设等多重元素得到系统化的统一。软装饰的设计受到多方面因素的限制，要考虑房屋面积、居住者的经济水平、家庭人口等，因此在装饰时要事先和主人沟通好。

　　特点：

　　◆　要从实际的居住情况来考虑，注重功能性，合理安排布局。同时保证实用性与舒适度，要明确各个空间的主要功能。

　　◆　整个空间的基本风格要一致。

　　◆　物品的颜色应该协调，例如一般情况下，天花板为浅色，地板为深色，避免给人一种"头重脚轻"的感觉。

1.2 软装饰设计的点、线、面

室内设计中的点、线、面是基本艺术表现手法。它们不仅可以单独使用，也可以结合运用，可使整体空间变得富有层次感、立体感。

1.2.1 点

点是无处不在的，根据方向、远近的不同，点是没有固定大小和形体的，它可以根据参照物的不同进行随意的伸缩。在室内设计中，点可以形成聚合形态，构成视觉中心。例如欧式风格客厅中的水晶吊顶就可以认为是一个点，以它为中心发散，使得整个空间呈现出华丽的效果。

1.2.2 线

线既是由点的运行所形成的轨迹，又是面的边界。在室内设计中，线是构成形体的框架，不同数量和方向的线所构成的形态与质感各有不同，它能够令室内环境更具有节奏感。例如房梁的设计，给人一种坚硬、安全的感觉；螺旋楼梯的设计，给人柔美、运动的视觉感受。线在很多室内软装饰风格中有所体现，如工业风格的设计、简约风格的设计等。

1.2.3 面

面是由线移动构成的结构，具有长度和宽度，却没有厚度。面在室内设计中是由空间构成的，而面的多种组成部分可构成立体，因此面也能为空间带来丰富的表现。例如地板、天花板的装饰，可以区分空间的层次感；墙面的壁纸，具有装饰的作用，也可以作为空间的区域划分；在空间中大面积地使用镜子，也让人的视觉观感得到延续。面在造型、色彩等方面可以设计出很多不同的效果。

1.3 软装饰设计原则

软装饰设计主要以实用性、舒适性、统一性、艺术性为主要设计理念，所以要以这4项为软装饰设计基本原则。

1.3.1 实用性原则

实用性原则是软装饰设计最基本的原则，整个空间应该在考虑实用性以后再考虑美观性。房间主要是以生活为主，所以要注意空间的利用，要注重功能性的应用。以小户型空间为例，可以在墙上打造壁柜，利用空间进行收纳物品。

1.3.2　舒适性原则

　　舒适性原则是软装饰设计的次要原则，当疲惫了一天的主人回到家里，可以于舒适的空间中得到身体上的放松，舒缓心理压力。例如客厅是家庭空间的中心，所以舒适的沙发是必不可少的。

1.3.3 统一性原则

空间中的软装饰设计要以统一的风格或视觉印象为主题，其中软装饰中有关的材质、色彩，在风格上应该大致统一的。比如家里面的硬装采用地中海风格，在软装饰上，就可以以蓝色为主色调，墙面上的挂饰可以用海洋元素。

1.3.4 艺术性原则

室内的艺术性是科学与艺术的凝结，不仅能够揭示事物的空间关系，通过一些艺术性的表达形式传播陈列品的意义与丰富的内涵，也要根据展示品的灵活性特点通过空间、位置、摆放方法来展示，充分地通过艺术手法体现空间美感。

1.4 软装饰设计的法则

　　软装饰设计是为了满足用户一定的审美要求和视觉感受进行空间装扮的行为。软装饰设计有六大法则：形式美法则、平衡法则、视觉法则、以小见大法则、联想法则和直接展示法则。

1.4.1　形式美法则

　　形式美是一种具有相对独立性的审美对象，而形式美法则在软装饰设计中的表现主要有以下内容：对称与统一、节奏与韵律、和谐等。

1.4.2　平衡法则

　　平衡法则是指空间中的陈列按照对称式的摆放方法，使空间达到一种相对平衡和对称的感觉。平衡法则也是室内空间中常见的一种表现手法，极具代表性的风格有中式风格、欧式风格、美式风格等。

1.4.3 视觉法则

视觉法则主要通过软装色彩的组合表现，有效地吸引人们的注意，从而实现空间的形象化和视觉化，给人华丽、可爱、复古、自然等视觉印象。

1.4.4 以小见大法则

以小见大法则是由物品在一点或一个部分进行集中摆放或延伸摆放，在人们的视觉上增加空间感，使人感觉整个空间变大；也可以通过小的物品，体现出主人的生活品质。

1.4.5 联想法则

　　联想感的软装饰设计是通过设计师丰富的想象，扩大艺术形象的表现力，加强画面感染力度。从装饰的材质、外形等给人带来直观的视觉感受，留有一定的想象空间。

1.4.6 直接展示法则

　　直接展示在软装饰设计中的应用较为广泛，它的表现是将物品或装饰品直接地展示在空间中，充实了整个房间，给人一种充实但不杂乱的感觉。

第2章 软装饰设计的色彩基础知识

软装饰设计的主要目的是为了营造舒适、美观的室内空间。

室内色彩主要是为了满足功能性与需求性，力求与房屋空间结构相结合，充分发挥色彩在空间的作用。此外，还要争取空间的协调统一性，使空间呈现出令人舒适的视觉效果。空间大面积色块不宜选用鲜明的颜色，所以在软装饰上，可以选用明亮的颜色作为点缀，以提高空间色彩的明度与纯度。

人对于颜色的感受较为直接的是冷和暖，在色相环中绿色一侧的色相为冷色，红色一侧的色相为暖色。冷色给人冷静、干净的感觉，暖色给人温馨、亲情的感觉。浅色系给人的感觉较为柔软，而深色系给人的感觉较为厚重。而不同的色彩在进行搭配时产生的感受又是不同的，由此可见色彩的无穷魅力。

2.1 色彩知识

色彩是十分重要的科学性表达，是主观上的一种行为反应，在客观上是一种刺激现象和心理表达。色彩最大的整体性就是画面的表现，把握好整体色的倾向，再去调和色彩的变化才能做到更有具体性。色彩是一种诉说人情感的表达方式，对人的心理和生理都会产生一定的影响。在设计中，可以利用人对色彩的感受来创造富有个性的画面，从而使设计更为突出。

红——780 ～ 610nm
橙——610 ～ 590nm
黄——590 ～ 570nm
绿——570 ～ 490nm
青——490 ～ 480nm
蓝——480 ～ 450nm
紫——450 ～ 380nm

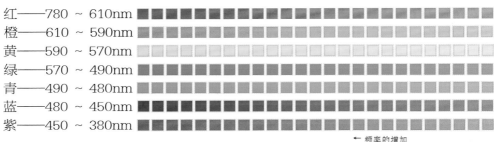

颜色	频率	波长
紫色	668～789 THz	380～450 nm
蓝色	631～668 THz	450～475 nm
青色	606～630 THz	476～495 nm
绿色	526～606 THz	495～570 nm
黄色	508～526 THz	570～590 nm
橙色	484～508 THz	590～620 nm
红色	400～484 THz	620～750 nm

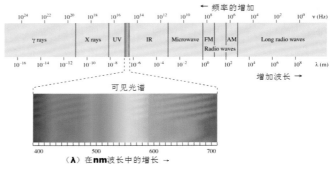

← 频率的增加

ν (Hz)

γ rays　X rays　UV　IR　Microwave　FM AM Radio waves　Long radio waves

λ (m)

增加波长 →

可见光谱

（λ）在 nm 波长中的增长 →

2.2 色相、明度、纯度

色彩的属性是指色相、明度、纯度三种性质。

色相是指颜色的基本相貌，它是色彩的首要特性，是区别色彩的最精确的准则。色相又是由原色、间色、复色来组成的。而色相的区别就是由不同的波长来决定，即使是同一种颜色也要分不同的色相，如红色可分为鲜红、大红、橘红等，蓝色可分为湖蓝、蔚蓝、钴蓝等，灰色可分红灰、蓝灰、紫灰等。人眼可分辨出 100 多种不同的颜色。

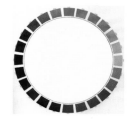 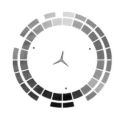

明度是指色彩的明暗程度，明度不仅表现在物体照明程度，还表现在反射程度的系数。可将明度分为九个级别，最暗为 1，最亮为 9，并划分出三种基调：

(1) 1 至 3 级为低明度的暗色调，给人沉着、厚重、忠实的感觉；

(2) 4 至 6 级为中明度色调，给人安逸、柔和、高雅的感觉；

(3) 7 至 9 级为高明度的亮色调，给人清新、明快、华美的感觉。

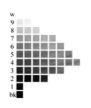 

纯度是色彩的饱和程度，也是色彩的纯净程度。纯度在色彩搭配上具有强调主题和意想不到的视觉效果。纯度较高的颜色则会给人造成强烈的刺激感，能够给人留下深刻的印象，但也容易造成疲倦感，与一些低明度的颜色相配合则会显得细腻舒适。纯度也可分为三个阶段：

(1) 高纯度——8 至 10 级为高纯度，产生强烈、鲜明、生动的感觉；

(2) 中纯度——4 至 7 级为中纯度，产生适当、温和的平静感觉；

(3) 低纯度——1 至 3 级为低纯度，产生细腻、雅致、朦胧的感觉。

 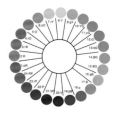

2.3 主色、辅助色、点缀色

软装饰设计要注重色彩的主次性。通常根据色彩的面积和作用，分为主色、辅助色、点缀色三种。

1. 主色

主色是软装饰设计中的主体基调，起着主导的作用，是空间中不可忽视的一部分。一般来说，空间中占据的面积比最大的颜色即为主色。

2. 辅助色

辅助色是补充或辅助空间的主体色彩，在空间中它可以与主色是邻近色，也可以是互补色，不同的辅助色会改变空间蕴含的情感，给人带来不一样的视觉效果。

3. 点缀色

点缀色在空间中占有极小的一部分，易于变化又能提升整体造型效果，还可以烘托整个空间的风格，彰显出自身固有的魅力。点缀色可以理解为点睛之笔，是整个设计的亮点所在。通常点缀色可以设置为与主色色相相差较大的颜色。

2.4 邻近色、对比色

邻近色与对比色在软装饰设计中运用得比较广泛，装饰的过程中不仅要注重功能性，还要用色彩来表现空间的丰富景象，与不同的元素相结合，能够完美地展现出空间的魅力所在。

1. 邻近色

从美术的角度来说，邻近色在相邻的各个颜色当中能够看出彼此的存在，你中有我，我中有你。在色相环中，两种颜色之间相距90°，色相彼此相近，色彩冷暖性质相同，具有一致的情感色彩。

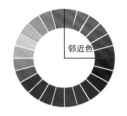

2. 对比色

对比色是将色相环中的任意两种或多种颜色放在一起时，在色相盘上呈现出一定的差异，产生该视觉效果是因为人眼中的视网膜对色彩起到平衡作用。在 120° 以内是对比色，在 180° 以内的是补色对比。

2.5 色彩混合

色彩混合就是指某一种色彩中混入另一种色彩。而两种不同的色彩混合后，会获得第三种色彩。色彩的混合有加色混合、减色混合和中性混合三种形式。

1. 加色混合

在对已知光源色的研究过程中，发现色光的三原色与颜料色的三原色有所不同，色光的三原色为红(略带橙味儿)、绿、蓝(略带紫味儿)，而色光三原色混合后的间色(红紫、黄、绿青)相当于颜料色的三原色。色光在混合中会使色光明度增加，使色彩明度增加的混合方法称为加色混合，也叫色光混合。例如：

(1) 红光 + 绿光 = 黄光；

(2) 红光 + 蓝光 = 品红光；

(3) 蓝光 + 绿光 = 青光；

(4) 红光 + 绿光 + 蓝光 = 白光。

2. 减色混合

当色料混合在一起时，呈现另一种颜色效果，就是减色混合。色料的三原色分别是品红、青和黄色，因为一般三原色色料的颜色本身就不够纯正，所以混合以后的色彩也不是标准的红、绿和蓝色。三原色色料的混合有以下规律：

(1) 青色 + 品红色 = 蓝色；

(2) 青色 + 黄色 = 绿色；

(3) 品红色 + 黄色 = 红色；

(4) 品红色 + 黄色 + 青色 = 黑色。

3. 中性混合

中性混合是指混合色彩既没有提高，也没有降低的色彩混合。中性混合主要有两种混合，即色盘旋转混合与空间视觉混合。若把红、橙、黄、绿、蓝、紫等色料等量地涂在圆盘上，旋转之即呈浅灰色。把品红、黄、青涂上，或者把品红与绿、黄与蓝紫、橙与青等互补上色，只要比例适当，都能呈浅灰色。

(1) 色盘旋转混合。

在圆形转盘上贴上两种或多种色纸，并使此圆盘快速旋转，即可产生色彩混合的现象，我们称为色盘旋转混合。

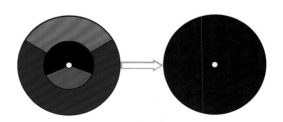

(2) 空间视觉混合。

空间混合是指将两种以上颜色，用不同的色相并置在一起，按不同的色相明度与色彩组合成相应的色点面，通过一定的空间距离，在人的视觉内产生的色彩空间幻觉感所达成的混合。

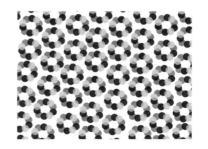

2.6 色彩与软装饰设计的关系

　　色彩感受就是指当人们看到该色彩时产生的心理感受或生理感受。视觉受色彩明度及纯度的影响，会产生冷暖、轻重、远近等不同感受和联想。因此在软装饰设计中利用人对色彩的感觉，可创造富有个性层次的空间。

　　色彩的冷暖感觉是人们在生活实践中由联想而形成的感受。例如红、橙、黄等暖色系的颜色可以给人暖的色彩感受，能够提升画面的温馨、暖意感；而青、蓝、紫以及黑白灰则会给人清凉爽朗的感觉；但绿色和紫等邻近色给人的感觉是不冷不暖，故称为"中性色"，给人稳定、稳重的感觉。

2.7 常用色彩搭配

较协调的室内色彩搭配	较冲突的室内色彩搭配
RGB=106,81,84 CMYK=64,70,61,15	RGB=100,113,179 CMYK=69,57,8,0
RGB=195,193,194 CMYK=27,23,20,0	RGB=245,73,0 CMYK=2,84,98,0
RGB=66,59,30 CMYK=72,68,97,45	RGB=84,160,79 CMYK=70,21,85,0
RGB=247,249,240 CMYK=5,2,8,0	RGB=232,228,227 CMYK=11,11,10,0
RGB=16,33,25 CMYK=88,74,86,64	RGB=225,209,11 CMYK=5,23,88,0
RGB=83,75,39 CMYK=68,64,95,32	RGB=236,87,156 CMYK=9,79,7,0
RGB=65,49,24 CMYK=69,73,97,50	RGB=175,187,235 CMYK=37,25,0,0
RGB=201,202,201 CMYK=25,18,19,0	RGB=255,232,181 CMYK=1,12,34,0
RGB=122,66,39 CMYK=53,78,93,25	RGB=245,47,39 CMYK=1,91,90,0
RGB=197,124,73 CMYK=29,60,75,0	RGB=245,202,31 CMYK=7,26,86,0
RGB=118,132,117 CMYK=61,45,55,0	RGB=140,139,107 CMYK=53,43,61,0
RGB=157,187,150 CMYK=45,18,47,0	RGB=241,240,220 CMYK=8,5,17,0
RGB=67,90,82 CMYK=78,59,67,18	RGB=251,255,221 CMYK=5,0,19,0
RGB=231,229,188 CMYK=14,9,32,0	RGB=233,55,137 CMYK=10,88,15,0
RGB=47,62,57 CMYK=82,68,73,39	RGB=255,198,181 CMYK=0,32,25,0
RGB=193,191,185 CMYK=29,23,25,0	RGB=50,30,137 CMYK=95,100,15,0
RGB=147,65,65 CMYK=488,85,73,11	RGB=165,45,20 CMYK=42,94,100,8
RGB=136,187,179 CMYK=52,15,33,0	RGB=232,222,187 CMYK=13,13,31,0
RGB=193,205,133 CMYK=32,13,57,0	RGB=252,120,26 CMYK=0,66,88,0
RGB=116,101,85 CMYK=61,66,67,9	RGB=97,65,42 CMYK=61,73,88,34
RGB=39,21,34 CMYK=81,90,71,61	RGB=66,137,204 CMYK=74,41,5,0
RGB=111,70,86 CMYK=63,78,56,14	RGB=253,229,16 CMYK=8,10,86,0
RGB=213,163,175 CMYK=20,43,21,0	RGB=250,232,213 CMYK=3,12,18,0
RGB=227,191,189 CMYK=13,31,21,0	RGB=199,217,229 CMYK=26,11,8,0
RGB=195,139,151 CMYK=29,53,30,0	RGB=162,239,245 CMYK=38,0,12,0
RGB=79,81,110 CMYK=78,72,45,6	RGB=86,103,298 CMYK=62,0,32,0
RGB=110,117,144 CMYK=65,54,33,0	RGB=55,139,140 CMYK=77,35,47,0
RGB=232,227,202 CMYK=12,14,24,0	RGB=228,243,233 CMYK=14,1,12,0
RGB=181,200,191 CMYK=35,15,26,0	RGB=237,31,27 CMYK=6,95,94,0
RGB=95,110,105 CMYK=70,54,58,4	RGB=251,231,172 CMYK=4,12,39,0

第 **3** 章 室内家居设计基础色

红 / 橙 / 黄 / 绿 / 青 / 蓝 / 紫 / 黑、白、灰

色彩在家居装饰中占据举足轻重的地位，它可以唤起人们内心深处的情感，又能给人们带来多姿多彩的家居生活。室内家居的基础色主要分为红、橙、黄、绿、青、蓝、紫、黑、白、灰。

◆ 红色具有热情、喜庆的含义，是最为温暖的色彩，在室内装点一抹红色可以增加空间气氛。

◆ 橙色是充满活力的颜色，可以营造欢快的气氛，给人一种暖意。

◆ 黄色比较明亮耀眼，缺少重量感，能够使空间感更为鲜艳、活泼。

◆ 绿色没有黄色明亮，却能营造出大自然的清新感觉。

◆ 青色比较亮丽，是很多年轻人的选择。

◆ 蓝色比较博大，拥有大海的寓意，给人一种理智和宽广的感觉。

◆ 紫色是性感的代表又是神秘的主导，总是能够给人留下深刻的印象。

◆ 黑、白、灰：黑色给人深邃感觉，白色则给人纯净淡雅感觉，灰色比较柔和，是内涵修养的代表。

3.1 红

3.1.1 认识红色

　　红色：是一种给人温暖、热情感觉的色彩。强烈的色彩运用到空间中，对视觉有一定的冲击力，更加突出质感。红色可以表现出热情、开朗、青春活力、进取心等。红色也可以给人带来好运和财富。

　　色彩情感：火热、希望、温暖、喜气、积极、危险、警告。

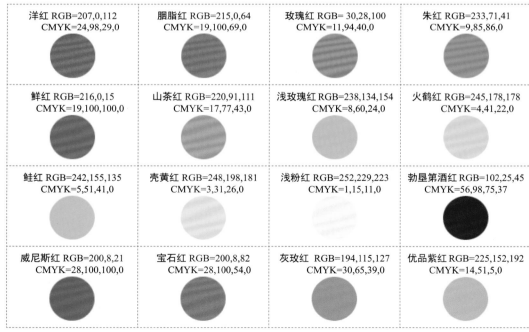

洋红 RGB=207,0,112 CMYK=24,98,29,0	胭脂红 RGB=215,0,64 CMYK=19,100,69,0	玫瑰红 RGB= 30,28,100 CMYK=11,94,40,0	朱红 RGB=233,71,41 CMYK=9,85,86,0
鲜红 RGB=216,0,15 CMYK=19,100,100,0	山茶红 RGB=220,91,111 CMYK=17,77,43,0	浅玫瑰红 RGB=238,134,154 CMYK=8,60,24,0	火鹤红 RGB=245,178,178 CMYK=4,41,22,0
鲑红 RGB=242,155,135 CMYK=5,51,41,0	壳黄红 RGB=248,198,181 CMYK=3,31,26,0	浅粉红 RGB=252,229,223 CMYK=1,15,11,0	勃垦第酒红 RGB=102,25,45 CMYK=56,98,75,37
威尼斯红 RGB=200,8,21 CMYK=28,100,100,0	宝石红 RGB=200,8,82 CMYK=28,100,54,0	灰玫红 RGB=194,115,127 CMYK=30,65,39,0	优品紫红 RGB=225,152,192 CMYK=14,51,5,0

3.1.2 洋红 & 胭脂红

① 本作品为混搭设计风格。

② 简约的洋红色沙发，在空间中非常突出，给人一种张扬、年轻、时尚的感觉。

③ 时尚感极强的沙发，配深棕色的装饰柜，使得沉稳的空间凸显出主人的热情态度。

① 本作品为简约美式风格的卧室设计。

② 房间中胭脂红的装饰，给卧室空间带来温馨的情感。床上布艺的颜色与墙体的颜色相对应。墙壁上的挂画也与之对应。

③ 窗框、床体、柜子采用原木色材料，将木材天然的木纹展现出来，更加突出主人对生活的热情。

3.1.3 玫瑰红 & 朱红

① 本作品为简约美式风格的卧室设计。

② 卧室空间中的玫瑰红色，营造出一种充满浪漫气息的氛围。白色地面增大了空间，整体宽敞的空间布局让人更加舒畅，给人带来清爽明快之感。

③ 搭配木质床头柜，为各种物品提供了合适的存放空间。

① 本作品为现代简约风格的卧室设计，大量使用暖色来增加房间的温馨感。

② 地毯提升空间的层次感，既可以美化室内环境，还有防滑减噪的功能。

③ 深色地砖古朴自然，搭配暖色软装，给人一种暖心安全的感觉。

3.1.4 鲜红 & 山茶红

① 该空间为小型复古美式私人电影院。

② 鲜红色的沙发，给人一种活力的感觉。

③ 鲜红色沙发还具有功能性。夜晚人眼对红色辨识度降低，当播放电影时，影厅内的灯光全部关闭，这样看不见身边这些红色的椅子，可以使人快速投入到观影当中，不受到干扰。

① 本作品是儿童卧室设计。

② 针对两个孩子的居住空间，作品采用了对称式设计，使整个空间更整洁、舒适。

③ 一眼望见的山茶红颜色，如梦如幻。墙体童真的装饰画，淡雅的床品，无一不体现小主人公的高贵、可爱气质。

3.1.5 浅玫瑰红 & 火鹤红

① 本作品为美式风格的女孩卧室。

② 卧室中浅玫瑰红表达出了一种可爱、活泼的少女气息。搭配同一色系中邻近色的窗帘、地毯，更加突出甜蜜温馨的感觉。

③ 深色地板则带给人一种安全感。充足的阳光照射，能让房间温暖，也起到一定的消毒杀菌的作用。

① 本作品为简约风格的卫生间设计。

② 浴室墙面为淡淡的火鹤红配上洁白的瓷砖，加上火鹤红的浴帘，仿佛畅游在梦幻中。

③ 淡淡的色调，像甜甜的棉花糖。白色的浴缸和盥洗池在其中尤为突出，给人一种干净、整洁的感受。

3.1.6　鲑红 & 壳黄红

① 本作品为简约美式风格的卧室设计。

② 鲑红色搭配白色展现出一种清新淡雅的生活态度。采用白色欧式家具，在深色地板上铺设白色地毯，提升空间高度。

③ 美式简约风格并不追求华丽、高雅，居室色彩主调为温和色，门窗常用白色，室内家具常用古典弯腿式。

① 本作品为现代简约风格的厨房设计。

② 壳黄红为一种淡淡的颜色，体现简约的感觉。开放式厨房设计采用简约整体排列，结合宽大的操作台，提升空间感。

③ 操作台与餐桌的结合，使厨房不仅仅是烹制菜肴的地方，也附加了休闲属性，诸如调制果汁、冷饮的吧台，在厨房空间中享受制作饮食的快乐。

3.1.7　浅粉红 & 勃垦第酒红

① 本作品为美式风格卧室设计。由浅粉色的被套、粉色的墙体可以看出这是一个小女孩的房间。

② 浅粉色给人甜蜜温馨的感觉，一种婴儿般娇嫩的感觉。搭配纯白色家具，营造出一个公主房间的氛围。绿色的地毯铺满整个房间，带来生机勃勃的气息。

③ 卧室一般为私密性空间，主要以舒适实用为主，不需要过多繁杂的装饰。

① 本作品为现代简约风格的厨房设计。

② 走进厨房看见勃垦第酒红的橱柜，给人一种充实感。勃垦第酒红的整体柜面与厨房用具完美结合，展现出高质量的生活态度。

③ 厨房采用开放式设计，与餐厅相连接。通过黑色吊顶来区分活动空间。餐厅的窗帘颜色与厨房的橱柜相呼应，餐厅设计与整个厨房格调一致。

3.1.8　威尼斯红 & 宝石红

① 本作品为现代简约的小户型卧室。

② 卧室大面积采用威尼斯红，墙上的书柜与墙体融为一体。房间整体软装布置给人带来一种热情、积极向上的感觉。

③ 床紧靠在里面，书桌与衣柜面对面，留出大面积的活动空间。空间小的房间设计要以实用为主，可以在墙面设置书架，增加储物空间。

① 本作品为一则客厅设计。

② 宝石红具有高贵富有的气质。客厅中放置一对宝石红沙发，非常吸引人的视线。

③ 在复古的墙面壁纸和浅灰色的地面映衬下，更加凸显沙发的存在感，使人眼前一亮。将两个沙发合二为一，让客厅活动更加自由。

3.1.9　灰玫红 & 优品紫红

① 本作品为欧式风格的客厅设计。

② 在客厅里，灰色的墙壁和精美的挂画，两个深灰色天鹅绒沙发上装饰着玫红色抱枕、玻璃杯、鸡尾酒、桌子、银叶细节，用黑色流苏装饰的枝形吊灯的背景，以及丝绸窗帘，增添了一丝优雅感。

① 本作品为简约风格的客厅设计。

② 紫红色的沙发，搭配橙色抱枕，与黑色的壁炉相对应，更加突出存在感，简单的装修体现出主人低调的生活态度。

③ 在软装饰方面，大胆使用倾斜地毯、背景墙，既增强了空间层次，又不失趣味性。

3.2 橙

3.2.1 认识橙色

橙色：是欢快活泼、生机勃勃、充满活力的颜色，也是收获的颜色，运用到室内设计中给人眼前一亮的活泼感。橙色可以带来温暖，去除房间中的冰冷感。橙色也代表着健康、成熟、幸福。

色彩情感：温暖、明亮、华丽、健康、兴奋、成熟、生机、尊贵、标志。

橘色 RGB=235,97,3
CMYK=9,75,98,0

柿子橙 RGB=237,108,61
CMYK=7,71,75,0

橙色 RGB=235,85,32
CMYK=8,80,90,0

阳橙 RGB=242,141,0
CMYK=6,56,94,0

橘红 RGB=238,114,0
CMYK=7,68,97,0

热带橙 RGB=242,142,56
CMYK=6,56,80,0

橙黄 RGB=255,165,1
CMYK=0,46,91,0

杏黄 RGB=229,169,107
CMYK=14,41,60,0

米色 RGB=228,204,169
CMYK=14,23,36,0

琥珀色 RGB=203,106,37
CMYK=26,69,93,0

驼色 RGB=181,133,84
CMYK=37,53,71,0

咖啡色 RGB=106,75,32
CMYK=59,69,98,28

蜂蜜色 RGB= 250,194,112
CMYK=4,31,60,0

沙棕色 RGB=244,164,96
CMYK=5,46,64,0

巧克力色 RGB= 85,37,0
CMYK=60,84,100,49

重褐色 RGB= 139,69,19
CMYK=49,79,100,18

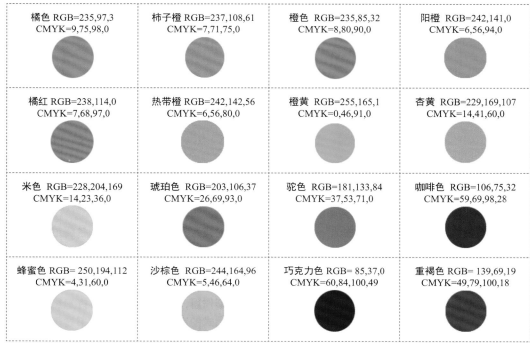

3.2.2　橘色 & 橘红

① 本作品为简约风格的客厅设计。
② 采用了 C 形橘红色沙发，给人一种回到家的港湾的温暖舒适感。
③ 长方形的深色电视柜，与皮质座椅并排摆放，给人一种稳重感。

① 本作品为简约美式风格的女孩卧室。
② 用橘红色来装点室内氛围，橘红色墙面与剪影壁纸颜色过于接近，容易产生视觉疲劳，所以用白色窗帘作为遮挡，则变得充满浪漫时尚的气息。
③ 单面墙的出彩，提升了人对室内装饰的好感，床品的颜色也与之相适应。

3.2.3　柿子橙 & 热带橙

① 本作品为简约风格的木质墙体卫生间。
② 柿子橙色的柜子与实木的空间相融合，加上深色大理石台面，带给主人一种好心情，也体现主人的开朗个性。
③ 在地面以及浴室的墙面铺上瓷砖，有很好的防水效果。简单新颖的设计结合，时尚又温馨。

① 本作品为简约风格的休息区域，可以用来休息、阅读、会友交谈。
② 沙发旁为整墙的一体书架，午餐过后，坐在热带橙色的沙发中，阅读自己喜欢的一本书，可以幻想书中的场景与人物。
③ 整个空间利用敞开式书架代替墙体，起到隔断作用，美化走廊空间，打造出一个半封闭式的空间，增加主人的书卷气息。

3.2.4　橙色 & 阳橙

① 本作品为美式风格的卧室设计。

② 充满活力的橙色给人健康的感觉，单面墙上的阳橙色，呈现家的温馨感。

③ 巧妙的布局里加入深色柜子和墙上的画框，显得稳重又活泼，还有座椅的设置，既合理又增加新的功能。

① 本作品为美式风格的客厅设计，美式风格通常使用石材和木饰面来装饰，使得空间宽敞而富有历史气息。

② 左右两边为对称的阳橙色置物柜，搭配绿植摆放，给人一种收获的喜悦之感。

③ 客厅中电视与壁炉分别放置在墙柱内。石料具有质朴的纹理，创造出自然、简朴的视觉效果。

3.2.5　橙黄 & 杏黄

① 本作品是现代风格的厨房设计。

② 餐厅中的灯光照着橙黄色橱柜和操作台，给人暖暖的感觉，产生做出美好食物的向往。

③ 搭配的深色地垫和操作台面在空间中也不觉得突兀，地垫还具有防滑的功能。

① 本作品为现代简约风格的卫生间，采用干湿分离的设计理念。

② 素雅的杏黄色瓷砖给人一种温润自然气息，使得空间丰富得当。

③ 干湿分离是目前设计的一个趋势，保持房屋的干燥、不易滋生细菌，也方便多人同时使用空间，还可以延长电器使用年限。

3.2.6　蜂蜜色 & 米色

① 本作品为偏地中海风格的厨房设计，拱形门极具特点。

② 蜂蜜色橱柜与橙色墙面相协调，不会太过张扬，同时也会加强食欲。

③ 复古的餐桌既有实用性，还带着历史沧桑感，展现主人的文艺气质。

① 本作品为现代简约美式风格的客厅设计。

② 整体的浅色基调尽显室内整洁净透。

③ 空间中放置一个大面积 L 形的米色沙发，充实在空间中。L 形沙发适合在房间格局比较规整或局部层高过低的区域。墙上的画框简洁干净，给人清新无瑕、明亮清澈之感。

3.2.7　沙棕色 & 琥珀色

① 本作品是现代简约风格的卧室设计。

② 墙面的沙棕色与床盖地毯颜色相一致，分化出空间，带来一种活泼天真的情感。突出了主体，扩大了空间。

③ 卧室中的暖色系列使人温馨、心情舒畅，能安抚人的情绪，有助于睡眠。

① 本作品为东南亚风格的厨房设计。

② 琥珀色的橱柜家具，色彩鲜明，设计简洁，没有多余的点缀，展现出原始自然的热带风情和浓厚的民族气息。

3.2.8 驼色 & 咖啡色

① 本作品采用现代与古典的结合，置身空间中仿佛穿梭于历史和未来。
② 驼色的空间框架结构与实木桌相呼应，简单中透着大气，恬淡中透着冷静。
③ 设计者以现代流行方式混搭墙面和桌椅，塑造出独特的空间。

① 本作品为现代简约风格的书房设计。
② 书房采用对称式陈列。居中为墙面，两侧为书架，充分利用了立体空间。墙上的壁画则别有一番趣味。
③ 放置舒适的座椅与书桌及立式地球仪，这样的装饰适合阅历较丰富的主人。四处墙壁半包围的设计也令这个空间显得非常安静、私密。

3.2.9 巧克力色 & 重褐色

① 本作品为现代古典风格的餐厅设计。
② 巧克力色橱柜典雅尊贵，独特亦沉稳。在墙角处整体贴上不规则砖块来装饰，弥补因阁楼过高所带来的空旷感，也起到分化区域的作用。
③ 简洁的吊灯装饰，既不影响自然光的照射，也可以为夜晚用餐提供良好的光源。

① 本空间为现代简约的书房设计。
② 重褐色给人一种沉稳内敛的感觉，书柜与书桌的摆放满足了主人的需求，窗户下的沙发具有实用性与舒适性。
③ 作为工作、阅读、书写及会客的空间，既是办公室的延伸，也是家庭生活的一部分。

3.3 黄

3.3.1 ▶ 认识黄色

黄色：是色相环中最明亮的色彩，有着金色的光芒，在东方象征着权力和崇高。黄色的室内设计给一种快乐、活泼的感觉，同时可以营造出温暖的感觉。

色彩情感：辉煌、轻快、华贵、希望、活力、冷淡、高傲、敏感。

黄 RGB=255,255,0 CMYK=10,0,83,0	铬黄 RGB=253,208,0 CMYK=6,23,89,0	金 RGB=255,215,0 CMYK=5,19,88,0	香蕉黄 RGB=255,235,85 CMYK=6,8,72,0
鲜黄 RGB=255,234,0 CMYK=7,7,87,0	月光黄 RGB=155,244,99 CMYK=7,2,68,0	柠檬黄 RGB=240,255,0 CMYK=17,0,84,0	万寿菊黄 RGB=247,171,0 CMYK=5,42,92,0
香槟黄 RGB=255,248,177 CMYK=4,3,40,0	奶黄 RGB=255,234,180 CMYK=2,11,35,0	土著黄 RGB=186,168,52 CMYK=36,33,89,0	黄褐 RGB=196,143,0 CMYK=31,48,100,0
卡其黄 RGB=176,136,39 CMYK=40,50,96,0	含羞草黄 RGB=237,212,67 CMYK=14,18,79,0	芥末黄 RGB=214,197,96 CMYK=23,22,70,0	灰菊色 RGB=227,220,161 CMYK=16,12,44,0

3.3.2　黄 & 铬黄

① 本作品为简约风格的卧室设计。
② 高饱和黄色搭配低饱和灰色，可以让空间在稳重中不失活泼。右侧墙面的颜色与床的颜色统一，使空间更加和谐。
③ 小空间的户型，把背景墙做成内嵌式，可以摆放物品，充分利用空间。

① 本作品为混搭风格的客厅设计。
② 双人沙发在小空间中非常实用，深蓝色墙体显得异常冷静和神秘，而铬黄色则打破了这种沉静，体现出一种生动活泼。
③ 装饰画、抱枕、装饰品的选择也都体现了空间主人的品位。

3.3.3　金 & 香蕉黄

① 本作品为现代简约风格的卫生间设计。
② 极简的空间，用金色和白色划分，黄色为水池、浴室的区域。白色墙上挂了一幅画来添加一丝情趣，并设置了放置毛巾的位置。
③ 卫生间采用干湿分离模式，金色更加突出区域的划分。

① 本作品为现代简约美式风格的儿童房设计。
② 针对两个孩子的居住空间，采用了对称式设计，墙上的黄色蝴蝶设计点缀了空间，添加了活泼氛围。
③ 儿童房的设计要根据孩子的性格选用颜色，室内的光线要充足，狭小的空间不能作为儿童房。

3.3.4　鲜黄 & 月光黄

① 本作品为现代风格的厨房设计。

② 整个空间充满了色彩的味道，高饱和度的黄色、蓝色、绿色、红色，使其拥有自己独特的"情绪"。色彩虽多，但不杂乱。

③ 房间把装修重点放在脚下，做成现代的经典拼花地板。这些人字纹地板是以彩虹般的色调拼接完成的。

① 本作品为简约美式风格的封闭式厨房设计。

② 明亮的月光黄给人一种整洁的感受，一字形橱柜的设计，结构简单，充分利用了空间，主人可以按照自己的习惯安排厨具的摆放位置。

③ 厨房的设计要注意人体工程学，要照顾到全家人的生活需求。

3.3.5　柠檬黄 & 万寿菊黄

① 本作品为美式风格的餐厅设计。

② 餐厅的餐椅为柠檬黄，在基于中性风的空间中格外突出，使用大胆的黄色占据整个空间的中心，活泼跳跃。

① 本作品为现代简约风格的卧室设计。

② 万寿菊色单人沙发，给单调的卧室添加一丝华贵。黄色抱枕添加了暖意，墙面上的镜子扩展了室内的空间，衬托出整体室内环境。

③ 棚顶上的灯带吊顶，提升了空间的层次感。卧室主要是用来缓解疲惫的，所以灯光不需要太过明亮，灯带加上床边的床头灯，即满足了卧室对灯光的需求。

3.3.6　香槟黄 & 奶黄

① 本作品为现代简约风格的卫生间设计。

② 淋浴间充满了黄色和白色的马赛克，像素化的模式，大胆明亮的颜色扩大了空间。还有绿色、橙色的圆形地垫。

③ 为了节省空间，在水槽下面装有洗衣机，还设置了 3 个储藏抽屉的空间。

① 本作品为复古风格的卧室设计。

② 奶黄色给人一种置身于童话故事中的氛围，在与白色的交错下，显得通透明亮。成套的装饰品，看上去整体即美观又协调。

③ 利用阁楼的空间做了一个清新的卧室。阁楼私密性高，利于休息，但是要注意做好防水工作。

3.3.7　土著黄 & 黄褐

① 本作品采用土著黄窗帘，给纯白的空间提供色彩，冲淡空间中的僵硬感。

② 把阁楼设计成书房，书房不一定有装满书的书架，有一个白色桌子，搭配黑色简单的椅子，就可以变成一个工作区域。

③ 在墙角处摆放绿植，给人一种活力，使人心情愉快。墙上的创意时钟，也可以提醒主人时间。

① 本作品是美式风格的儿童房设计。

② 简单明了的空间运用了黄褐色，呈现一种可爱、沉稳的柔情。细节空间的局部改造，将你的梦想注入生活。

③ 充满活力的黄色用来装饰儿童卧室是非常棒的选择，是给孩子最温暖的礼物。

3.3.8　卡其黄 & 含羞草黄

① 本作品为美式风格的卧室设计。

② 卡其黄的温暖，很适合扮暖秋冬的空间，简单的点缀化解了单调的视觉感受。

③ 卧室采用大面积窗户设计，使室内拥有良好的采光。

① 本作品为现代简约的可进入式厨房储藏室设计。

② 蓝色背景墙衬托着含羞草黄的吊柜、立柜，一冷一暖的色彩对比不会给人一种突兀感，反而表现出生机与活力，充满活泼。

③ 需要考虑储藏室的空气疏通，避免在潮湿季节出现虫蛀、发霉等现象。

3.3.9　芥末黄 & 灰菊色

① 本作品为床品局部设计，充满了暖暖的舒适感。

② 采用单色无花纹的布艺，芥末黄的抱枕添加一丝质朴。

③ 抱枕的装饰给空间添加生机，睡觉时会感到温暖，累的时候，把抱枕放在腰后，也能够缓解脊背的疲劳。

① 本作品为简约风格的儿童空间设计。

② 床、百叶窗、地毯大面积使用灰菊色，温煦，暖意洋洋。

③ 美轮美奂的空间设计，素净雅致，很适合孩子居住。定制的两组沙发，既可坐又可在下方储物。

3.4 绿

3.4.1 认识绿色

绿色：是一种表现和平友善的色彩,具有稳定性,能起到缓解疲劳、舒展心情的作用。运用到室内中,能体现希望、清新,象征着生命力旺盛、健康。绿色在大自然中很常见,多看绿色也会使人心情愉悦。

色彩情感：生命、和平、清新、希望、成长、安全、自然、生机、青春、健康、新鲜。

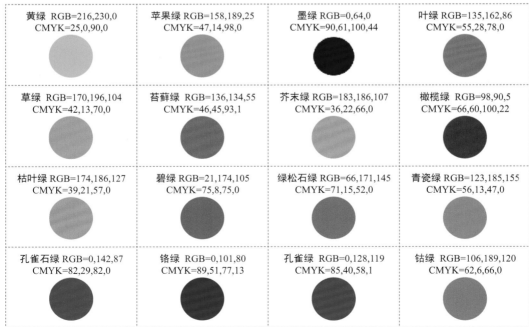

黄绿 RGB=216,230,0 CMYK=25,0,90,0	苹果绿 RGB=158,189,25 CMYK=47,14,98,0	墨绿 RGB=0,64,0 CMYK=90,61,100,44	叶绿 RGB=135,162,86 CMYK=55,28,78,0
草绿 RGB=170,196,104 CMYK=42,13,70,0	苔藓绿 RGB=136,134,55 CMYK=46,45,93,1	芥末绿 RGB=183,186,107 CMYK=36,22,66,0	橄榄绿 RGB=98,90,5 CMYK=66,60,100,22
枯叶绿 RGB=174,186,127 CMYK=39,21,57,0	碧绿 RGB=21,174,105 CMYK=75,8,75,0	绿松石绿 RGB=66,171,145 CMYK=71,15,52,0	青瓷绿 RGB=123,185,155 CMYK=56,13,47,0
孔雀石绿 RGB=0,142,87 CMYK=82,29,82,0	铬绿 RGB=0,101,80 CMYK=89,51,77,13	孔雀绿 RGB=0,128,119 CMYK=85,40,58,1	钴绿 RGB=106,189,120 CMYK=62,6,66,0

3.4.2　黄绿 & 苹果绿

❶ 本作品为现代风格的餐厅设计。

❷ 餐桌与黑板框架的草绿色给空间添加了生机。用罗马百叶窗、蜡染风格的浅色树叶图案延续了森林主题。

❸ 餐桌将厨房与其他空间区分开来，它位于厨房窗户和阳台门之间，有效地划分了区域。

❶ 本作品为复古美式风格的书房设计。

❷ 苹果绿接近自然色，可以使人心情放松，在长时间读书以后，绿色可以放松眼睛，缓解疲劳。

❸ 在书房中增添了传统的桌椅，在现代风格的空间中增添了复古的味道，使人更容易集中精力来工作或学习。

3.4.3　墨绿 & 叶绿

❶ 本作品为偏北欧风格的书房设计。

❷ 进入书房中，给人一种沉稳安静的环境氛围。浅色的地毯、白色的吊顶给视觉上一个高度的延伸，空间显得不过于沉闷压抑。

❸ 绿色沙发时尚高端，成套的棕色书桌与书柜木材质显得气质高贵。

❶ 本作品为复古风格的客厅设计。

❷ 在现代的色调中，经典的座椅形状看起来被彻底改造，给人一种散发着 20 世纪的怀旧的感觉。

❸ 沙发围合的摆放方式，很有向古典之风致敬的意味。围绕茶几并排放置两张舒适的单人沙发，主次分明，很适合在家里招待正式客人共商要事。

3.4.4 草绿 & 苔藓绿

① 本作品为乡村风格的厨房设计。
② 草绿色对整体的营造，体现出厨房的绿色化和新鲜感。橱柜为自然清新的草绿色，是一个极好的乡村主题场景。透过窗户就可以看到外面的环境，会感到心旷神怡。

① 本作品为现代简约的厨房设计。
② 苔藓绿在室内能表现出清新自然的感觉。

3.4.5 芥末绿 & 橄榄绿

① 本作品为简约美式风格的卧室设计。
② 芥末绿的窗帘、抱枕和床头相融合，给空间添加了绿色阳光的气息，主人从早起开始，浑身都充满活力。
③ 美式简约风格，色彩的选择也是以简单、素雅为主，空间整体给人感觉明亮而又恬静。

① 本作品为现代风格的浴室设计。
② 橄榄绿颜色的演绎，在虚虚实实中显得丰富又神秘，仿佛置身于竹林之间，全身心愉悦放松。
③ 卫浴间的主色调与地面色彩的互相呼应，使卫浴间协调舒适。

3.4.6 枯叶绿 & 碧绿

① 本作品为田园风格的客厅设计。
② 枯叶绿色的沙发、粉色的玫瑰花、粉嫩的抱枕，体现出温馨幸福的感觉。天然木材的躺椅使整个空间看起来休闲、舒适。
③ 天然的木质结构地板也为室内增添一丝趣味，给人一种回归自然的感觉。

① 本作品为休闲区域设计。
② 空间整体色调饱和度较低，在空间中的碧绿色沙发让人眼前一亮，舒适而清新。
③ 休闲不仅是可以从书架上拿下一本书细细品味，也可以和家人坐在一起增进感情。

3.4.7 绿松石绿 & 青瓷绿

① 本作品是地中海风格的浴室设计。
② 绿松石马赛克墙面展现出优美感，清新秀丽。墨绿色的包边线条流畅，流线型的美感让人感觉像是畅游在海洋中。在浴室中可以阅读、休息，它的功能不再是那么简单。

① 本作品是简约风格的厨房设计。
② 青瓷绿色的橱柜，清新而淡雅。空间中没有过多的颜色，除了青瓷绿，只有白色的顶棚、灰色的地面和金属厨具。

3.4.8　孔雀石绿 & 铬绿

① 本作品为工业风格的小型书房设计。

② 孔雀石绿的地毯给空间添加一处生机，绿色可以调节心情，看书也较容易进入氛围。整个空间大面积上采用浅灰色，体现安静的氛围。多个窗户给空间提供足够的光照。

① 本作品为现代简约风格的客厅。

② 客厅中可以看到一个灰色的混凝土天花板，以及大胆的绿色家具和凉爽的照明设备。

③ 多彩的墙壁用于区分空间，也给人更加明亮宽敞的感觉。

3.4.9　孔雀绿 & 钴绿

① 本作品为简约风格的厨房设计。

② 孔雀绿色的橱柜鲜明艳丽地悬挂在墙壁上，由纯洁的白色墙壁衬托着，添加了神秘的韵味。设计师大胆地运用孔雀绿色，使整个空间特立独行，极具美感。

① 本作品为田园风格的餐厅设计。

② 室内采用钴绿色碎花墙纸作为主色调，迎面仿佛闻到一股自然清新的味道。桌面上摆放一束花朵，让人们从视觉上先饱餐一顿，还有净化空气的作用。

3.5 青

3.5.1 认识青色

青色：是一种品位高档的色彩，同时也表现出一种精神性、感情十分丰富。青色的色调变化可以表现出不同效果，既可以表现出高贵华美，也可以体现轻快柔和。青色有缓解紧张、放松心情的作用。

色彩情感：轻快、华丽、高雅、庄重、坚强、希望、古朴。

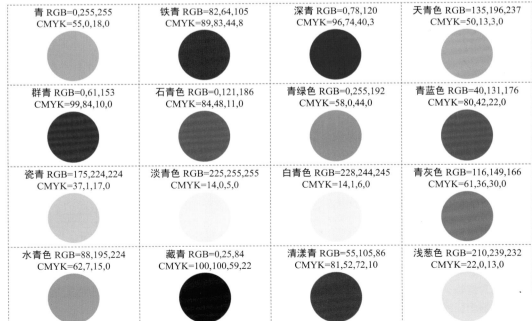

青 RGB=0,255,255
CMYK=55,0,18,0

铁青 RGB=82,64,105
CMYK=89,83,44,8

深青 RGB=0,78,120
CMYK=96,74,40,3

天青色 RGB=135,196,237
CMYK=50,13,3,0

群青 RGB=0,61,153
CMYK=99,84,10,0

石青色 RGB=0,121,186
CMYK=84,48,11,0

青绿色 RGB=0,255,192
CMYK=58,0,44,0

青蓝色 RGB=40,131,176
CMYK=80,42,22,0

瓷青 RGB=175,224,224
CMYK=37,1,17,0

淡青色 RGB=225,255,255
CMYK=14,0,5,0

白青色 RGB=228,244,245
CMYK=14,1,6,0

青灰色 RGB=116,149,166
CMYK=61,36,30,0

水青色 RGB=88,195,224
CMYK=62,7,15,0

藏青 RGB=0,25,84
CMYK=100,100,59,22

清漾青 RGB=55,105,86
CMYK=81,52,72,10

浅葱色 RGB=210,239,232
CMYK=22,0,13,0

3.5.2　青 & 铁青

① 本作品为现代风格的儿童卧室。

② 明亮的卧室采用醒目的青色,透出活力轻盈的感觉。白色绒毛的地毯凸显其干净整洁,可以保护孩子不受伤害。

③ 儿童卧室的设计考虑重点是安全和卫生。儿童卧室的地毯要经常清洗,以免螨虫或者细菌污染。

① 本作品采用铁青色作为主色,简约的深红色落地灯,墙上的现代风格的图片,以及红色的杯子,也给空间中添加了多彩效果。

② 沙发边放置一盏落地灯。这样的灯具装置既稳重大方,又可根据不同的需要选择光源,灵活性较强。

3.5.3　深青 & 天青色

① 本作品为美式风格的客厅设计。

② 吊顶与门划分出客厅与其他空间的区域位置,由于客厅空间比较大,为了显得不那么空,所以将深蓝色沙发面对面摆放。

① 本作品为户外空间装饰。

② 圆形户外组合沙发套是主角,移动沙发可以创建不同的会话区域,把它们组合在一起又成为一个圆形。

③ 沙发放在游泳池旁边,可以游泳以后休息,可以晒日光浴,也可以与朋友聊天畅谈,明亮欢快,清凉度过夏天。

3.5.4　群青 & 石青色

① 本作品为现代简约风格的卧室设计。

② 在空间中摆放颜色全为群青的柜子，现代感极强，其最主要的特点就是内置一个隐形床。

③ 隐形床由棕色床体、咖啡色床单和铁艺支脚组成。其特点是隐形的功能节省不少的空间，当隐形床不用的时候将其翻起就与衣柜融为了一体，原本床的位置可以更好地利用起来。

① 本作品为现代简约风格的开放式厨房设计。

② 石青色的吧台隔开空间，区分厨房与餐厅的空间，搭配同色系的橱柜，使得厨房层次更加丰富。

③ 铁艺的椅凳搭配红色椅面，金属材料的线条充满美感，还具有防腐蚀、耐氧化的能力，和红色搭配体现出典雅大方的特点，给人很强的现代简约感。

3.5.5　青绿色 & 青蓝色

① 本作品给人的第一感受就是床的两侧设计了很多书架，使得卧室兼具书房功能。

② 青绿色的抱枕、床单，好像草原上的绿地一样新鲜，让人享受自由自在的生活。书柜与壁画的和谐相处，感受到的是那份恬静。

③ 通过天花板的设置来区分休息和工作空间。

① 本作品为女士卧室，为了解决空间小的问题，床上方的内嵌式柜子用于放置鞋子，这不失为一种大胆的尝试。

② 青蓝色的柜子与抱枕搭配的深色床品，简约、时尚且酷感十足。

3.5.6　瓷青 & 淡青色

① 本作品的硬装部分（顶棚、地面）比较普通，而整体厨房却吸人眼球。

② 瓷青色淡雅简单不失张扬的特点，很适合厨房。通过一个简单的横梁设计，在空间中区分了厨房与餐厅，使人明确地知道各个空间的功能，不会混淆。

③ 开放式的厨房虽然好看，但是要注意油烟的问题。

① 本作品为简约风格的厨房空间设计。

② 彩色运用方面主要以淡青色的小清新为主。接地气的田园风格，采用实木地板与窗框做装饰，创造出自然简朴的感觉。

③ 整个厨房空间在中间分割了客厅与餐厅，使各个空间相对独立又相互连接，整个空间也显得宽敞明亮。

3.5.7　白青色 & 青灰色

① 本作品为简约美式风格的女孩卧室设计。

② 整个空间采用白青色，显得空间清新亮丽，搭配浅灰色的床头与毯子，则空间表现更加温馨。

③ 飘窗是为房间采光和美化造型而设置的，可以把这个空间变成一个休闲区、会客区或是学习区，成为家中的一道亮丽风景。

① 本作品为美式风格的餐厅设计。

② 青灰色的墙面与原木色的地板相互呼应，自然宁静。一瓶清新的花束，使整个屋子充满生机，起到画龙点睛的作用。

③ 吊灯、鲜花将空间的上下连接为一条直线，增强了层次感。

3.5.8　水青色 & 藏青

① 本作品为复古工业风格的主题餐厅设计。
② 水青色好像海边的第一波海浪，墙面的土黄色好像沙滩，它们共同勾勒出一幅浪漫的景象。在这里用餐，应该会别有一番风味。

① 本作品为一个男孩的儿童房空间。
② 藏青色的室内氛围给人一种安静、沉稳的感觉。高挑的层高与悬挂的灯成为亮点，白天阳光充足，足够保证室内光照。
③ 将床、沙发、桌子等家具倚墙而放，保证了足够的儿童活动空间。

3.5.9　清漾青 & 浅葱色

① 本作品为古典乡村风格的客厅设计。
② 清漾色打造出的空间令人产生高贵感觉。炉壁四周有石质镶嵌，加上编织椅的陪衬，恍如进入了原始森林。
③ 门廊前的摇椅，外面的风景，能充分感受休闲时光。

① 本作品为一个现代开放式布局的厨房。
② 浅葱色的橱柜明亮清新，给人一种清爽的感觉。胡桃木染色的天花板是房间的焦点，提升了空间感。
③ 充足的日光来自毗邻的餐厅墙上的窗。天花板中内置的灯为房间提供一般照明。两个水晶吊灯可以分别照明操作台。

3.6 蓝

3.6.1 认识蓝色

蓝色：是冷静的代表，可以联想到广阔的天空、大海。空间采用蓝色，会使室内纯净沉稳，具有冷静理智的意象。蓝色既有沉稳冷静的特点，又流露出清新爽快的感觉。

色彩情感：理智、勇气、冷静、文静、清凉、安逸、现代化、沉稳。

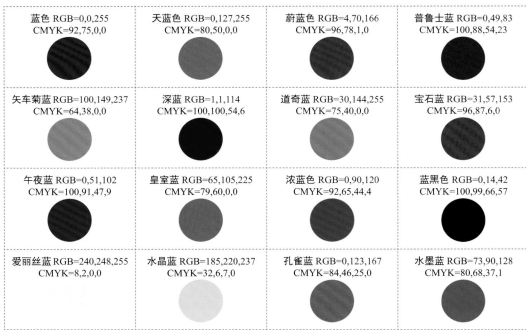

蓝色 RGB=0,0,255 CMYK=92,75,0,0	天蓝色 RGB=0,127,255 CMYK=80,50,0,0	蔚蓝色 RGB=4,70,166 CMYK=96,78,1,0	普鲁士蓝 RGB=0,49,83 CMYK=100,88,54,23
矢车菊蓝 RGB=100,149,237 CMYK=64,38,0,0	深蓝 RGB=1,1,114 CMYK=100,100,54,6	道奇蓝 RGB=30,144,255 CMYK=75,40,0,0	宝石蓝 RGB=31,57,153 CMYK=96,87,6,0
午夜蓝 RGB=0,51,102 CMYK=100,91,47,9	皇室蓝 RGB=65,105,225 CMYK=79,60,0,0	浓蓝色 RGB=0,90,120 CMYK=92,65,44,4	蓝黑色 RGB=0,14,42 CMYK=100,99,66,57
爱丽丝蓝 RGB=240,248,255 CMYK=8,2,0,0	水晶蓝 RGB=185,220,237 CMYK=32,6,7,0	孔雀蓝 RGB=0,123,167 CMYK=84,46,25,0	水墨蓝 RGB=73,90,128 CMYK=80,68,37,1

3.6.2　蓝色 & 天蓝色

① 本作品为简约美式风格的卫生间设计。

② 蓝色墙体既体现了简约清爽，又充满活力。

③ 墙面采用 PVC 板拼接而成，PVC 板的优点是防水、阻燃、耐酸碱、防蛀、质轻、保温、隔音，很适合用在浴室的墙面上，同时节约成本。

① 本作品为现代风格的卫生间设计。

② 想象天蓝色的海洋、黄色的沙滩，连空气中都漂浮着悠闲的味道。马赛克既亮丽又柔和，和水交映的时候还能带出一丝灵动的感觉，让人产生碧海蓝天的视觉印象。

③ 干湿分离的隔断选用了白色透明的玻璃，玻璃的旁侧安装有铝制的毛巾架，整幅设计图彰显了简约式风格的雅致。

3.6.3　蔚蓝色 & 普鲁士蓝

① 本作品为地中海风格的玄关设计。

② 蔚蓝色和宽阔高挑的吊顶在视觉上延伸了空间，也凸显出建筑结构的现代感。玄关是房门与客厅出、入口处的缓冲，也是室内装修给人第一印象的制造点。

③ 地中海风格在墙上运用半穿凿或者全穿凿的方式来塑造室内拱形门，这也是地中海家居的一个情趣之处。

① 本作品为新中式风格的客厅设计。

② 普鲁士蓝色的墙面，沙发与书架搭配古典中式复古的家具，墙上对称摆放的古典画框，体现出主人在简约低调的气质中渗透出不同的品位。

③ 传统中式风格与潮流时尚元素完美地融合在一起，表达出新中式风格的独特气质。

3.6.4 矢车菊蓝 & 深蓝

① 本作品为地中海风格的客厅设计。
② 矢车菊蓝色能打造浪漫与清爽。地中海风格的家具，通过擦漆做旧的处理方式，搭配贝壳、鹅卵石等，表现出自然清新的生活氛围。
③ 墙上的挂画为飘扬出海，与整个空间的颜色相得益彰。

① 本作品为家庭活动室的设计。
② 墙上的书架，采用美式桌子造型叠落在一起，起到摆放物品的作用，还给房间中添加了个性元素。
③ 深蓝配上明亮的黄色系，给人一种充满活力、蓬勃向上的感觉。

3.6.5 道奇蓝 & 宝石蓝

① 本作品为极简风格的客厅设计。
② 道奇蓝色的沙发，摆放在空间中，给房间添加明亮的色彩，同时也起到划分区域的功能。
③ 两个圆形坐凳与地毯颜色材质相匹配，茶几上摆放一个小花瓶。闲暇空余时坐在沙发上，可以品茶看书。

① 本作品为简约美式风格的厨房设计。
② 橱柜的颜色为宝石蓝色，给人一种深邃静谧的感觉。
③ 厨房灶台在左边，洗菜盆在右边，距离差距正合适，方便烹饪，符合人体工程学设计。

3.6.6　午夜蓝 & 皇室蓝

① 本作品为美式简约风格的卧室设计。

② 午夜蓝色的魅惑，融合在空间中，有一种沉稳大气的视觉印象。

③ 高挑的落地窗帘、铁艺的凳子、造型独特的时钟，彰显了主人的个性，也给空间中增添一丝活泼。

① 本作品为简约风格的厨房设计。

② 皇室蓝色在空间上的运用，显现出时尚的同时，也加固了厨房的整体存在感。

③ 房梁在整体结构上调整了房屋整体刚度，也划分出区域的空间设置。

3.6.7　浓蓝色 & 蓝黑色

① 本作品为新古典风格的卧室设计。

② 大面积采用浅色系颜色搭配，高挑的空间中配置了浓蓝色的窗帘、床头、沙发、地毯、躺椅。

③ 由于卧室空间大，所以在床尾摆放了沙发及地毯,使空间产生了合理的划分,不显得空旷。

④ 顶棚、背景墙、地毯处带有花纹，散发着高贵、典雅的气质。

① 本作品为衣帽间设计。

② 深色的衣帽间，配上同色系浅色的地砖，表现出大气优雅，储存空间丰富，功能性极强。

③ 衣帽间的设计，要考虑到通风、防尘，内部空间还需再根据所放物品合理安排。

3.6.8　爱丽丝蓝 & 水晶蓝

① 本作品为现代简约风格的厨房设计。

② 白色搭配爱丽丝蓝，凸显了空间的干净、轻松，让人感觉更卫生。

③ 爱丽丝蓝低调不霸道，使得房间的最终感觉像一个令人垂涎的"白色的厨房"。

① 本作品为现代简约的浴室设计。

② 蔓延着水晶蓝色的墙壁，演奏出清新自然的乐章，给人舒爽干净的视觉效果。为了打破空间大面积单色带来的沉闷感，特意设计了白色的浴缸和手盆。

③ 用马赛克来做材料，在空间上有层次感。马赛克材质本身耐磨，不易渗透污渍，表面光滑结实，易清理。

3.6.9　孔雀蓝 & 水墨蓝

① 本作品为户外天台空间装饰设计。

② 孔雀蓝色沙发垫与黑色座椅在白色交织地板的衬托下显得贵重沉稳。

③ 在室外空间放置一个弧形沙发，可让朋友、家人其乐融融地坐在一起。弯曲的形状让空间更加灵动，布置在宽敞空间中带有聚合感。

① 本作品的卧室采用深浅两色来搭配，浅色系的地毯、天花板交相呼应，水墨蓝的墙围给空间添加了层次感，使整个卧室高端大气。

② 双层木质的床头柜上放置造型独特的床头灯，给房间提供了光源。4 个抽屉为大容量的储藏空间。高档的实木材料，则体现了稳重感。

3.7 紫

3.7.1 认识紫色

紫色：是高贵神秘的色彩，运用在室内设计中，尽显高贵神秘的气息，表现出富贵、豪华的效果，具有一种高品位的时尚感。

色彩情感：高贵、优雅、奢华、幸福、神秘、魅力、权威、孤独、含蓄。

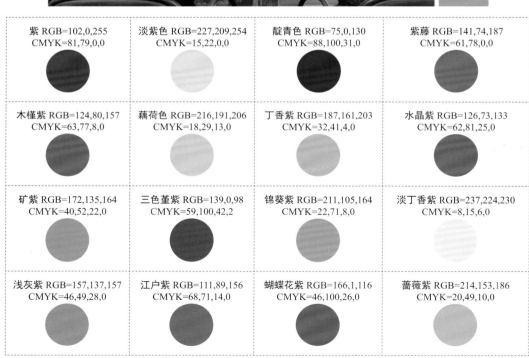

紫 RGB=102,0,255 CMYK=81,79,0,0	淡紫色 RGB=227,209,254 CMYK=15,22,0,0	靛青色 RGB=75,0,130 CMYK=88,100,31,0	紫藤 RGB=141,74,187 CMYK=61,78,0,0
木槿紫 RGB=124,80,157 CMYK=63,77,8,0	藕荷色 RGB=216,191,206 CMYK=18,29,13,0	丁香紫 RGB=187,161,203 CMYK=32,41,4,0	水晶紫 RGB=126,73,133 CMYK=62,81,25,0
矿紫 RGB=172,135,164 CMYK=40,52,22,0	三色堇紫 RGB=139,0,98 CMYK=59,100,42,2	锦葵紫 RGB=211,105,164 CMYK=22,71,8,0	淡丁香紫 RGB=237,224,230 CMYK=8,15,6,0
浅灰紫 RGB=157,137,157 CMYK=46,49,28,0	江户紫 RGB=111,89,156 CMYK=68,71,14,0	蝴蝶花紫 RGB=166,1,116 CMYK=46,100,26,0	蔷薇紫 RGB=214,153,186 CMYK=20,49,10,0

3.7.2　紫 & 淡紫色

① 本作品的卧室设计，大面积地使用了紫色，是一种大胆的创新。

② 紫色和蓝色是时尚的颜色组合。它既可以是新鲜和美丽的，也可以是明亮和神秘的。

③ 紫色作为主色，搭配有色玻璃器皿、艺术品、小装饰，让空间更具气质。

① 本作品为美式风格的女孩卧室设计。

② 淡紫色搭配的组合，特别适合性情浪漫的女孩子，安静典雅而迷人。房间整体轮廓被淡紫色凸显出来，搭配白色的床品，温暖的气息扑面而来。

③ 坐在飘窗上读书，感受阳光的暖意，充满艺术青年气息。

3.7.3　靛青色 & 紫藤

① 本作品为宽敞的卧室空间设计。

② 靛青色与白色交相辉映，凸显尊贵，透露出浪漫氛围。球形吊灯既醒目又时尚。

③ 以三角形摆放两个单人沙发，中心位置是床，沙发中间有茶几，可以摆放茶水饮料，增添闲适氛围，方便与朋友聊天、和家人沟通。

① 本作品为现代简约美式风格的餐厅设计。

② 紫藤色布艺椅子，围绕着白色圆桌，给人一种温馨的氛围。

③ 布艺家具低碳环保，保养方便，坐感舒适，透气性强。柔软的面料给人舒服的手感，让人闲暇时的感受更轻松、惬意。

3.7.4　木槿紫 & 藕荷色

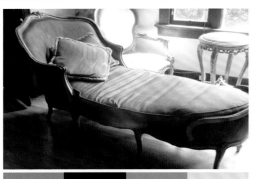

① 本作品为新古典风格的阳台设计。

② 法式贵妃椅的木槿紫搭配金色的边框，更凸显了优雅、高贵、迷人的气质。放置在窗边，当阳光直射进来，喝着下午茶，享受一个美好的下午生活。

① 本作品为简约美式风格的卧室设计。

② 空间整体较高，藕荷色墙体与白色楼顶相区别，在视觉上降低了空间感，使整个空间呈现为长方形。

3.7.5　丁香紫 & 水晶紫

① 本作品为现代风格的厨房设计。

② 现代的厨房里，丁香紫和不锈钢掺杂在一起，这种不寻常的色彩搭配可以做成橱柜，辅以别致的装饰，整个空间极富有现代感。

① 本作品为美式风格的卧室设计。

② 窗边摆放的沙发床，紫色的床垫和淡紫色的窗纱，给整个房间添加了神秘感，两个沙发摆放相互对应，供客人来的时候休息。

③ 美式风格的壁炉是独立的室内取暖设备，以可燃物为能源，内部上通烟囱。其燃料为可再生资源，环保节约。

3.7.6　矿紫 & 三色堇紫

1. 本作品为浪漫风格的卧室设计。
2. 矿紫色墙壁，打破以往空间的暗淡。室内整个空间布局分散而不凌乱，空间功能强大丰富，慵懒而舒适。
3. 空间的主角——床，采用了浪漫的挑高式设计，自然垂落的矿紫色布料，体现了女性的柔美、浪漫。

1. 本作品为现代简约风格的卧室设计。
2. 三色堇紫色的窗帘与花纹床罩的交织，凸显民族异域风情，让人置身紫色梦境中，用感官来体验其迷人魅力。
3. 空间宽敞的情况下，在落地窗角落放置一个贴合家居的不规则沙发。干净的大窗成为家里最好的视野，放眼外头，让人心旷神怡。

3.7.7　锦葵紫 & 淡丁香紫

1. 本作品为田园风格的客厅设计。
2. 客厅运用锦葵紫色搭配绿色与蓝色点缀，空间充满自然活力。茶几上方的圆形吊灯，给人活泼跳跃的感觉。
3. 多彩的茶几在空间中起到调和的作用，不会显得杂乱无章，反而给空间添加了清新自然的氛围。

1. 本作品是美式风格的婴儿房设计。
2. 淡丁香紫色象征着萌芽，使整个空间变得明亮轻盈。婴儿床披上了梦幻的白纱床幔，梦幻、美丽，很适合女宝宝。
3. 外侧较大空间则为活动区域，摆放两个沙发，将玩乐空间巧妙分割。还有地毯方便宝宝爬行玩耍，可以在地毯上玩玩具。

3.7.8　浅灰紫 & 江户紫

① 本作品为美式风格的卧室设计。

② 浅灰紫在卧室中尽显奢华，配合家具的质感，令卧室如豪华酒店般品位出众。

③ 留白的空间，适当运用紫色，让平淡立刻转换。面积较大的窗户处休息区，坐着舒服，还可以很好地欣赏外面的风景，美观实用。

① 本作品为简约美式风格的儿童卧室。

② 江户紫色的世界地图壁纸背景墙，使宽敞的卧室显得不那么空旷，淡雅且高贵，世界地图壁纸可以提高孩子的学习兴趣。

③ 在房间中搭配红色，使得房间不过于压抑，富有热情与活力。

3.7.9　蝴蝶花紫 & 蔷薇紫

① 本作品为现代风格厨房设计，是当前最流行的风格之一。

② 蝴蝶花紫色的厨房背景墙设计，突出了女主人的浪漫气质，妩媚而浪漫。

③ 吊灯的设计采用点、线的结合，简单风趣。

① 本作品为美式风格的卧室设计。

② 蔷薇紫色的天鹅绒床头，以及连影子都在闪闪发光的床单和光滑的墙壁，蔷薇紫实现了每个女孩的公主梦。

③ 卧室里面有一个卫生间作为套房的设计，动静分离，私密性强。

3.8 黑、白、灰

3.8.1 认识黑、白、灰

　　黑、白、灰色："黑"是没有任何可见光进入视觉范围的颜色，一般带有恐怖压抑感，也代表沉稳；"白"是所有可见光都能同时进入视觉内的颜色，带有愉悦轻快感，也代表纯洁干净；"灰"是在白色中加入黑色进行调和而成的颜色。在室内设计中运用黑、白、灰，可呈现出简洁明快、柔和优美的感觉。

　　色彩情感：冷酷、神秘、黑暗；干净、朴素、雅致、贞洁；诚恳、沉稳、干练。

白 RGB=255,255,255 CMYK=0,0,0,0	月光白 RGB=253,253,239 CMYK=2,1,9,0	雪白 RGB=233,241,246 CMYK=11,4,3,0	象牙白 RGB=255,251,240 CMYK=1,3,8,0
10%亮灰 RGB=230,230,230 CMYK=12,9,9,0	50% 灰 RGB=102,102,102 CMYK=67,59,56,6	80% 炭灰 RGB=51,51,51 CMYK=79,74,71,45	黑 RGB=0,0,0 CMYK=93,88,89,88

3.8.2 白 & 月光白

① 本作品为极简风格的整体公寓设计。

② 空间大多采用白色，为配合极简主义的审美，加入了相同风格的家具。

③ 在整个空间中几乎拆除所有的墙，来打造一个宽敞、开放、轮廓鲜明的空间，统一所有的公共区域，使用定制的隔断分割空间层次。

① 本作品为现代简约风格的厨房设计。

② 月光白色的厨房，简单纯净，外观大方不奢华，给人视觉舒适悠闲的享受。

③ 一字形的橱柜，无多余的修饰，简约的造型，彰显厨房空间的雅致。门窗的良好采光性，既有利于空气流通，也美化了厨房环境。

3.8.3 雪白 & 象牙白

① 本作品为简约美式风格的浴室设计。

② 在不规则的空间中，运用对称的设计理念，空间如雪一样纯净，给人一种洁净整齐的感受。

③ 人字形的地板拼接，则带来了一丝乐趣，整个房间没有漂浮的感觉，反而有一种安全厚重感。

① 本作品为简约日式风格的卧室设计。

② 白色代表优雅和简单，在成千上万的变化之中，是一个简单的选择，覆盖整个空间，从墙面到地板再到天花板。

3.8.4　　10% 亮灰 &50% 灰

① 本作品为现代风格的办公室设计。
② 无彩色的色彩从软白色和灰色到黑色。有彩色的色彩以绿色植物、红色矮凳作为点缀，点缀色面积虽小但是意义重大，设想若没有它们，空间该是多么的平淡。

① 本作品为紧凑的会客厅设计，采用了对称式陈列。
② 粉红色的枕头和粉红色的长毛绒给房间增添了色彩，主色是灰色的色调，包括浅灰色的墙壁和椅子以及灰色的窗帘。
③ 一个圆形的白色咖啡桌坐落在房间中央的灰色方形地毯上，形成了鲜明的对比。

3.8.5　　80% 炭灰 & 黑

① 本作品为运动鞋产品的展示空间设计。
② 深灰色的墙壁为各种不同颜色的鞋子以及彩色绳索做了很好的背景，突出了产品本身。
③ 由鞋带创造一个动态和多色绳索造型。其中的棱柱形状是指跑步者，快速地从一面墙壁运动到另一面墙壁，多彩的线条也融合到地板空间中，使得视觉产生了连接和引导，非常有趣。

① 本作品为后现代风格的餐厅设计。
② 作品设计了黑色的橱柜、墙面和餐桌，搭配燕麦色坐垫和灰色背景墙。墙面悬挂了照片，空间设置仿佛是一个奢华的画廊。
③ 整个空间为相同的炭灰，与白色外露梁天花板和黑白框架艺术对比，产生了浓厚的艺术气息。

第4章

软装饰设计的元素

灯饰 / 窗帘 / 织物 / 壁纸 / 绿植 / 挂画 / 花艺 / 饰品

　　软装配饰设计，是居住空间所有可移动的元素的统称。软装配饰有很多，按照其功能性不同，分为灯饰、窗户、织物、壁纸、绿植、挂画、花艺、饰品等。软装配饰具有灵活的多变性，可以根据客户的喜好，按照一定的效果对空间进行软装设计，从而突出客户的气质和品位。

　　根据定位好的装饰风格，塑造出属于自己的独特家居生活。

　　软装饰的搭配要重视独立性与整体性的结合，营造出安逸、舒适的生活环境。

　　家具的装饰是为了能塑造出更好的生活范围，给空间增加一道亮丽的风景线。

4.1 灯饰

灯饰除了用于照明，还应该注意其装饰性。合适的灯饰可以提升空间的气氛。

特点：

◆ 客厅中灯具多使用一盏单头或多头的吊灯作为主灯，有辅助的壁灯、落地灯、筒灯、轨道灯等。它们共同营造一个具有层次感和良好气氛的环境。

◆ 卧室作为休息、放松的地方，它的灯具设置一般避免刺眼的光线和造型繁杂。

◆ 厨房作为烹饪的地方，一般面积较小，所以多采用集成吊顶式的明亮光源。

◆ 卫生间的照明，常使用防水吸顶灯、镜前灯等。

4.1.1 奢华高贵的灯饰设计

　　水晶灯起源于欧洲，以它华丽璀璨的材料品及装饰受到人们的追捧。水晶灯晶莹剔透，给人一种奢华大气的感觉，增添了空间的奢华感。水晶灯悬挂的高度很重要，直接影响到空间的层次感。

　　设计理念：在大面积的空间中央悬挂水晶灯，大型水晶灯可以照亮整个空间。

　　色彩点评：墙面大量使用玫红色，给人一种热情洋溢的感觉。

　　🔵 悬挂的水晶灯，给人一种奢华、富丽的感觉。水晶灯的运用，使得空间光影自然，造型优雅，让人们在进餐时享受到温馨浪漫。

　　🔵 玫红色的墙面，使得空间充满了浪漫的氛围与气息。

RGB=204,93,100 CMYK=25,76,52,0
RGB=225,151,86 CMYK=15,49,69,0
RGB=252,245,235 CMYK=2,6,9,0
RGB=153,95,49 CMYK=46,69,91,8

　　本作品为美式风格设计的客厅空间，整个空间的层高较高，使用了吊顶的水晶灯，既增添了华贵感，又在视觉上给人一种丰富感。

RGB=203,187,172 CMYK=25,27,31,0
RGB=79,110,139 CMYK=76,56,36,0
RGB=115,56,60 CMYK=56,84,71,25
RGB=202,203,205 CMYK=24,18,17,0

　　本作品为开放式的空间设计，用吊灯、灯带区分餐厅与厨房的空间，在吊顶中央悬吊一个水晶灯，给人一种奢华感，与空间的整体装饰相互融合。

RGB=255,255,255 CMYK=0,0,0,0
RGB=204,173,127 CMYK=25,35,53,0
RGB=61,44,36 CMYK=71,71,81,52
RGB=108,75,96 CMYK=66,77,52,10

4.1.2　简约木质的灯饰设计

灯饰不仅具有照明的作用，还具有装饰功能。木质灯具造型，给人一种自然、纯粹的感觉。木质本身的色彩和灯罩色彩非常协调、柔和。

设计理念：简单的线条设计，木质的材料制作，加上美丽的插花，让空间释放出浓浓的自然气息。

色彩点评：木质的本色，缤纷多彩的花朵，与室外的景色融为一体。

🔷 木质灯罩体现出来自然的感觉，搭配简欧造型色的灯座设计，也不觉得突兀。

🌸 桌面上的鲜花摆设也与空间相适应，给空间添加了缤纷多彩的元素。

RGB=227,207,183　CMYK=14,21,29,0
RGB=188,129,71　CMYK=33,56,77,0
RGB=147,171,31　CMYK=51,23,100,0
RGB=203,210,236　CMYK=24,16,1,0

本作品为美式风格的休息室设计，两组单人沙发围绕着圆桌摆放，造型独特的木质吊灯，都很舒适。米色乳胶漆与白色搭配，极具美式风格特点。

RGB=238,214,178　CMYK=9,19,33,0
RGB=181,154,135　CMYK=35,42,45,0
RGB=28,95,182　CMYK=87,63,1,0
RGB=108,92,79　CMYK=63,63,68,14

本作品大量采用明度不同的木质材料（吊灯、地板、椅子），显得空间更稳重。结合灰色、白色的墙面，显得整洁而干净。

RGB=238,214,178　CMYK=9,19,33,0
RGB=120,115,111　CMYK=61,55,54,2
RGB=115,84,85　CMYK=58,67,84,20
RGB=215,213,214　CMYK=18,15,13,0

4.1.3 灯饰设计技巧——灯饰的趣味造型

在选择灯饰时，除了最常见的吸顶灯、筒灯外，还可以尝试更具造型特点的灯饰。如铁艺的缠绕式的灯饰、数颗明亮的镜前化妆灯、藤椅感十足的吊灯等。这些都会提升空间的品位，或许会成为空间的主角。

本作品最吸引人的就是造型独特的线条缠绕式吊灯，错综复杂的随即感，增加了空间独特的个性。

本作品是一个化妆间的空间设计，镜子上的灯带面积越大，阴影面积减小，越有利于提升化妆效果。

传统的灯泡，造型简单的铁艺灯罩，悬挂在吧台桌子上，给人一种休闲、简约放松的感受。

配色方案

双色配色	三色配色	五色配色

4.1.4 灯饰设计欣赏

4.2 窗帘

窗帘最首要的功能就是遮光、避风沙、降噪声、节能环保、防紫外线等，是可以给人安全感的软装饰。窗帘有很多种，按照其功能性不同可分为遮光窗帘、透光窗帘等；按照其材质不同可分为麻布窗帘、棉质窗帘、丝绸窗帘等；按照其风格不同可分为欧式窗帘、简约窗帘等。

特点：

◆　窗帘保护了人们的隐私，挡上窗帘，房屋就成了一个相对独立的空间，不会影响家人的休息。

◆　窗帘也是一种装饰品，可以随时更换，给生活中增添不一样的新鲜感。

◆　深色窗帘遮光较好，防止刺伤眼睛。

◆　材质比较厚重的窗帘，则具有一定的隔音效果。

◆　窗帘的色彩搭配也会影响空间的整体效果，通常建议窗帘选择单色或拼色。

4.2.1 素雅干净的窗帘设计

窗帘上没有过多繁杂的花纹图案，整体保持一个清新素雅的感觉。窗帘以大面积的浅色，搭配暖色系的家具，给人一种温暖、简洁、干净的生活空间。

RGB=48,105,144 CMYK=83,55,53,4

设计理念：宽敞的空间、造型简单的家具，凸显空间素净雅致的特点。

色彩点评：白色的窗帘和灰绿相间的地毯的搭配，营造出纯净随和的空间。

🔵 整个空间大面积的落地窗，阳光穿透窗户，使得空间明亮通透，给人舒适雅致的感觉。

🔵 纯白色的窗帘环绕在窗前，既美观又添加了空间的安全感。

🔵 转角沙发搭配四个单人沙发围绕着茶几摆放，雅观舒适，同时增加了空间的紧密度。

RGB=255,255,255 CMYK=0,0,0,0
RGB=196,191,197 CMYK=27,24,18,0
RGB=154,110,81 CMYK=47,62,71,3

浅色系的落地窗帘，使得透过来的阳光不那么刺眼，反而给人带来了一种温暖。橘色的单人躺椅，也给空间添加了温馨的感觉。整个空间干净、整洁，给人一种舒适的感觉。

RGB=222,213,196 CMYK=16,17,24,0
RGB=231,134,83 CMYK=11,59,67,0
RGB=51,38,29 CMYK=73,77,84,58
RGB=143,111,90 CMYK=52,59,69,3

空间自上而下采用了白色、浅灰、深灰色的明度，使空间看起来更舒服。大面积的落地窗搭配简单的米色窗帘，显得自然而纯粹。

RGB=255,255,255 CMYK=0,0,0,0
RGB=0,0,0 CMYK=93,88,89,80
RGB=30,70,99 CMYK=93,76,50,13
RGB=208,204,183 CMYK=23,18,30,0

4.2.2 奢华尊贵的窗帘设计

欧式风格的空间因其空间大，楼层高度较高，常使用罗马帘装饰窗户。罗马帘因其复杂的结构、独特的款式，给人一种大气、奢华的感觉，具有极强的装饰性。

设计理念：简单的线条设计，尊贵的红色座椅，给人一种简洁、奢华的视觉效果。

色彩点评：色彩搭配合理，凸显空间宽阔明亮。

● 主要以白色为主色调，华丽典雅中透着高贵。

● 圆弧形的落地窗，搭配枯叶绿的窗帘外加一层遮光的白纱，给人一种高贵的感觉。弧形窗的设计也提升了空间的高度感。

● 雕刻精美的红色座椅，则体现了欧式风格特有的风格。

	RGB=255,255,255 CMYK=0,0,0,0
	RGB=177,166,121 CMYK=38,34,56,0
	RGB=182,85,69 CMYK=36,78,74,1
	RGB=158,103,72 CMYK=45,66,76,4

本作品为一个欧式风格客厅，整个空间大面积使用红色，给人一种尊贵、高雅的感觉。罗马帘搭配挂幔，使得窗帘更具装饰特色。

■ RGB=186,81,63 CMYK=34,80,77,1
■ RGB=0,0,0 CMYK=93,88,89,80
□ RGB=255,255,255 CMYK=0,0,0,0

本作品为对称式设计的客厅，窗帘为多层罗马帘，黄色和红色相搭配，运用黄色来渲染空间，营造出富丽堂皇的效果，给人一种尊贵、奢华的感受。

■ RGB=177,136,46 CMYK=39,50,92,0
■ RGB=147,44,0 CMYK=46,92,100,16
□ RGB=249,240,185 CMYK=6,6,35,0
■ RGB=209,181,118 CMYK=24,31,58,0

4.2.3 窗帘设计技巧——材质上的运用

　　窗帘的材质有许多种，根据悬挂位置、室内风格、用途，可以采用不同材质的窗帘。如薄纱材质的窗帘给人一种朦胧感，增添了浪漫氛围；较厚的棉麻窗帘，可以阻挡光线，增加了空间隐私性。常见的材质类型有棉质、麻质、纱质、绸缎、植绒、竹质、人造纤维等。

客厅的空间需要色彩的点缀，作品中天花板与窗帘的衔接，迅速改变了暖色调房间的外观视觉特点，提升了房间整体的优雅气息。

厚重的棉麻材质，有效地阻挡阳光的进入，大面积的绿色给人眼前一亮的新鲜感，加上小部分的天蓝色，使得空间具有活力，生机勃勃。

薄纱的窗帘设计，给人一种朦胧感。当你在躺椅上休息，风吹过飘逸的白纱，望着蓝色的大海，给人一种舒适休闲的体验。

配色方案

双色配色	三色配色	四色配色
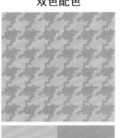		

4.2.4 窗帘设计赏析

4.3 织物

织物是天然纤维或者是合成纤维制作的纺织品的总称。在软装饰中，我们轻而易举地就可以想到地毯、壁挂、毛巾、床单、抱枕等。可以根据装修风格选择相应的织物。

特点：

◆ 起到软化硬装的作用，让空间柔软起来。

◆ 柔软的装饰还可以起到保护家人的作用。

◆ 具有灵活的多变性，有画龙点睛的作用，使空间看起来特立独行、富有个性化。

4.3.1 民族风格的织物设计

民族风格的织物设计是极具装饰风格的，常以代表民族的花纹元素或取自自然的植物等。通过传统工艺的编织图案、手工制作等方式，传递出民族风情。

设计理念：整个空间的布艺图案都突出民族特点，极具原始自然的风情。

色彩点评：色彩斑斓，取材自然，暖色的布艺饰品点缀，给人一种自然气息。

窗户的下面制作一个类似于榻榻米的沙发，铺上沙发套，放上软软的抱枕，给人一种家的温暖。

浓郁的民族风格色彩，展现出传统的、民族独有的文化特点。

RGB=255,255,255 CMYK=0,0,0,0
RGB=178,182,189 CMYK=35,26,21,0
RGB=251,129,145 CMYK=0,64,28,0
RGB=87,121,189 CMYK=62,52,6,0

本作品是一个卧室的空间设计，嫩黄色的床上用品，给人一种轻快、充满活力的感觉。床单上五彩缤纷的花纹，给人带来一种清新自然、充满活力的积极的心态。

这是一个室外的休息空间，取材于自然，纯天然的材质，散发着浓烈的自然气息。座椅上的抱枕靠垫采用传统编织布艺，线条简洁凝重，具有典型的民族风格。

RGB=240,221,163 CMYK=10,15,42,0
RGB=222,222,230 CMYK=15,12,7,0
RGB=183,92,107 CMYK=36,75,48,0

RGB=177,136,46 CMYK=39,50,92,0
RGB=147,44,0 CMYK=46,92,100,16
RGB=249,240,185 CMYK=6,6,35,0
RGB=209,181,118 CMYK=24,31,58,0

4.3.2 现代风格的织物设计

现代简约风格，强调功能性设计，线条简约，色彩对比强烈。简约而不简单，并且在织物的选择上也是遵循这一原则，强调实用性与舒适感的结合。

设计理念：沙发最大的功能就是提供舒适的体验，柔软的布艺让人感到更加舒适。

色彩点评：明亮的黄色给人一种温暖的感觉。

❶ 在空间一角的位置摆放一个休闲的沙发，供人们休息、聊天。

❷ 柔软的抱枕给人温馨的感觉，可以起到保暖和一定的保护作用。

❸ 旁边的矮桌方便人们放置一些水果、下午茶。

RGB=252,194,68 CMYK=4,31,77,0
RGB=219,208,180 CMYK=18,18,32,0
RGB=80,46,21 CMYK=62,79,100,48
RGB=131,150,164 CMYK=55,37,30,0

书架的前面放置一个白色的沙发，当你挑选完图书，需要一个安静的环境，细细品味的时候，这是一个不错的选择。

RGB=244,239,235 CMYK=6,7,8,0
RGB=24,69,108 CMYK=95,79,44,7
RGB=234,41,58 CMYK=8,93,73,0
RGB=240,212,86 CMYK=12,18,73,0

通透白色的床幔由架子上垂落下来，分隔出床的空间，视觉上有一种朦胧感，给人一种浪漫、神秘的氛围。

RGB=212,205,199 CMYK=20,19,20,0
RGB=227,226,224 CMYK=13,10,11,0
RGB=150,123,96 CMYK=49,54,64,1
RGB=89,10,5 CMYK=56,99,100,49

4.3.3 织物设计技巧——地毯的运用

在室内装修中使用地毯，可以起到保护的作用，也具有一定的减震、减噪效果。优质地毯的材质具有弹性好、耐脏、不褪色等特点。特别是具有储尘的能力，起到净化室内空气、美化室内环境的作用。

地毯有着良好的吸音、隔音、防潮的作用。在楼梯上铺上地毯之后，可以减轻上楼、下楼时的声音。还有防寒、保温的作用。

楼梯拐角处的设计，透明玻璃的安全挡板，从2楼可以看见楼下的状况。地毯具有一定的保暖作用，可以拿着吉他坐在上面，享受一个舒适放松的下午。

本作品是一个美式风格客厅设计，地毯的颜色与沙发的颜色是同一色系，地毯可以给人安全感，也具有隔凉的效果，双面沙发使得客厅活动更加自由。

配色方案

双色配色	三色配色	五色配色

4.3.4 织物设计欣赏

4.4 壁纸

壁纸也称为墙纸，广泛运用于住宅、宾馆、商业空间等室内装修中。壁纸在装修中可以说是奠定了整个空间的基本风格，人们进到房屋的第一印象就是墙壁的装饰。各种图案风格满足人们对于空间装饰的需求，也是展现主人的个性，体现当代潮流的方式，表达了人们对于时尚的追求。

特点：

◆ 风格、图案多样，具有很强的观赏性、装饰性。

◆ 便于铺装装饰，缩短了装修的时间。

◆ 采用先进工艺制作出来，材质好，使用寿命长。

◆ 表面光滑，便于清理。

4.4.1　田园碎花的壁纸设计

田园风格给人清新自然的感觉，多用碎花图案为主调，并且花纹多以自然元素为主，如植物、树叶、花朵、蔓藤、蝴蝶等。通过田园壁纸设计，可以传递出人们对田园安逸生活的向往。

设计理念：通过壁纸的装饰，进行墙面的上下分割。

色彩点评：田园风格的清新色彩搭配，给人一种大自然的亲切感。

🌀 绿色花纹的墙纸，分割了墙面，简单的线条体现了悠闲雅致的生活情趣。

🌀 柔和的绿色和纯净的白色，可以治愈感官的疲惫。给人清新、自然的感受。

RGB=255,255,255 CMYK=0,0,0,0
RGB=153,166,87 CMYK=48,29,76,0
RGB=178,127,10 CMYK=39,55,100,1
RGB=0,0,0 CMYK=93,88,89,80

浴室采用干湿分离的设计方法，以浅色系为主色调，翩翩起舞的蝴蝶在墙壁上"停靠"，仿佛要飞出来似的，给人一种清新、自然的视觉印象。

□ RGB=255,255,255 CMYK=0,0,0,0
▨ RGB=213,199,196 CMYK=20,23,20,0
▨ RGB=190,121,126 CMYK=32,61,42,0
■ RGB=214,60,60 CMYK=70,89,75,0

浴室中贴着淡蓝色的碎花墙纸，给人一种清新惬意的感觉，与白色的柜子、造型复古简单的壁灯相互搭配，整个空间显得干净、整洁，给人一种舒适感。

□ RGB=255,255,255 CMYK=0,0,0,0
▨ RGB=197,227,238 CMYK=27,4,7,0
▨ RGB=163,129,83 CMYK=44,52,73,0
■ RGB=0,0,0 CMYK=93,88,89,80

4.4.2 创意新奇的壁纸设计

壁纸虽然是平面的，但是可以通过其纹理和图案表现出三维的真实感觉。比如在卫生间中大胆使用"书架"作为壁纸，非常有趣。

设计理念：采用新奇的图案，给人一种走错屋子的感觉，仿佛不是卫生间而是书房，设想一下该多么有趣。

色彩点评：整齐的书架和多彩的书籍排列，给人一种明亮感，增强了空间感。

📷 书脊的颜色明亮多彩，颜色具有跳跃性，使得空间拥有一丝活泼感。

📷 搭配一个书桌外形的洗手台，与空间的墙纸相映衬，使得空间装饰融合统一。

RGB=237,229,226 CMYK=9,11,10,0
RGB=113,75,0 CMYK=58,70,100,26
RGB=94,153,171 CMYK=67,31,30,0
RGB=263,161,124 CMYK=21,43,51,0

整个空间贴上书柜图案的壁纸，柔和的灯光使得空间微微泛黄，给人一种淡淡的柔和感。仿佛置身的不是卫生间，而是一间休闲舒适的书房。

RGB=237,237,235 CMYK=9,7,8,0
RGB=112,75,67 CMYK=59,73,71,21
RGB=218,209,170 CMYK=19,17,37,0
RGB=193,204,201 CMYK=29,16,15,0

整个空间以黑、白、灰为主色调，墙面上的壁纸为世界地图的图案，加上自行车的摆设，给人一种想要出去周游世界的印象。整个空间装饰简单，给人一种简洁、纯净的感觉。

RGB=255,255,255 CMYK=0,0,0,0
RGB=0,0,0 CMYK=93,88,89,80
RGB=190,183,173 CMYK=30,27,30,0

4.4.3 壁纸设计技巧——壁纸的图案、装饰

墙体的壁纸在装修中扮演着很重要的角色，在色彩与空间的结合上，可以营造出既温馨又具有艺术感的空间。壁纸的图案类型，可以更好地凸显空间的设计风格。

本作品是一个卫生间的空间设计，浅色系的花纹壁纸，感受到一丝淡淡的温馨甜蜜的氛围。

浴室的空间设计，绿色花纹的墙纸，搭配同色系的浴缸，给人一种置身于大自然的感觉，使得人们更自由、放松。

墙纸采用大花的图案设计，使得整个空间具有层次感，墙纸运用素雅的颜色，给人一种清新、自然的感觉。

配色方案

双色配色

三色配色

四色配色

4.4.4 壁纸设计赏析

4.5 绿植

绿植是绿色观赏植物的简称，有绿化空间的作用，在室内设计中用于装饰空间，给空间添加了自然的气息，带来新鲜的空气，同时具有观赏性，可以使我们心情平和，身心得到放松。绿植在空间中大面积地摆设，也有助于舒缓眼睛的疲惫。当空间某个区域太空旷时，不妨放盆绿植试试，既可以让陈设更饱满，还可以让人眼前一亮。

特点：

◆ 绿色植物可以进行光合作用，为房屋提供新鲜的氧气。

◆ 具有挥发性的植物，能帮助人们调节情绪，不同种类具有不同的功效，有的可以振奋精神，有的则可以镇静安眠。

◆ 房屋中的湿度过高或者过低都会对人体产生不利的影响，在房屋中放上绿植则可以调节空气中的湿度。

◆ 绿色植物还可以净化空气中的有毒物质，例如装修中的苯、甲醛、二氧化硫等。还可以起到杀菌消毒的作用，对空气中的细小颗粒、烟尘也具有一定的吸附作用。

4.5.1 自然田园的绿植设计

绿植的摆设给人一种清新自然的感觉，起到美化空间的作用。同时可以给房间增添新鲜的空气。田园风格的设计在搭配绿植时可以更随意，就像在户外一样，可以尝试让植物悬挂于墙上，甚至蔓藤爬在墙上。

RGB=247,213,214 CMYK=28,55,75,0

设计理念：简约的家具，复古的墙壁，加上清新的绿植，给人一种生活在田园里面的感觉。

色彩点评：淡浅粉色，给空间添加了一丝别样的小惊喜。

🟠 悬挂的绿植，触手就可摸到的叶子，给人一种新鲜感。

🟢 淡粉色的简约座椅，给空间添加了青春向上的氛围，给人一个生机勃勃的生活环境。

RGB=88,53,33 CMYK=61,77,91,42
RGB=168,182,26 CMYK=61,77,91,42
RGB=199,133,75 CMYK=3,23,11,0

文化砖的墙面设置，给人一种古朴的感觉，植物的摆放给空间添加了自然的气息。休息的矮榻，给人一个休闲舒适的空间。

RGB=158,142,142 CMYK=45,45,39,0
RGB=228,224,213 CMYK=13,12,17,0
RGB=114,147,0 CMYK=62,15,100,0
RGB=126,137,143 CMYK=58,43,39,0

整个空间的墙面、地面采用原始的水泥，没有运用过多的装饰，墙面上为创意简单的绘画，在墙角处摆放的大叶绿植，装饰了客厅空间。

RGB=168,170,149 CMYK=41,30,42,0
RGB=79,174,220 CMYK=66,20,10,0
RGB=85,122,29 CMYK=73,45,100,5

4.5.2 现代都市的绿植设计

都市中繁忙工作着的白领，大部分都在办公室工作。在钢筋水泥的空间中拼搏，让人疲乏。而在设计空间时，可以摆放大型绿植，让整个空间更具活力。办公室常用的绿植有平安树、发财树、金钱树、富贵树、散尾葵、夏威夷竹、节节高、大树萝等。

设计理念：在工作区域摆放一盆常青阔叶植物，给空间添加了自然的气息。

色彩点评：现代感十足的工作环境，搭配绿色的植物，给空间添加了一丝生机。

🔵 绿色植物代表着生命、活力、奋斗，具有积极向上的含义，给人一种想要努力奋斗的感觉。

🔵 现代化的皮质沙发、座椅，突出了空间的风格，皮质材料的质感好，突出主人自身的内涵。

RGB=237,229,226 CMYK=9,11,10,0
RGB=113,75,0 CMYK=58,70,100,26
RGB=94,153,171 CMYK=67,31,30,0
RGB=263,161,124 CMYK=21,43,51,0

本作品是一个现代风格的会客厅，在空间中制作了两面绿植墙，使得整个空间生机勃勃，同时也起到了净化空气的作用，带给人们一种活力、进取的情感。

本作品中植物作为空间中不可或缺的元素，具有改善室内空气的作用。以种植庭院和综合露台的形式，在室内放置绿色植物。可以躺在躺椅上舒适地享受生活。

RGB=255,255,255 CMYK=0,0,0,0
RGB=71,132,34 CMYK=76,38,100,1
RGB=190,216,212 CMYK=31,9,19,0
RGB=0,7,195 CMYK=100,96,22,0

RGB=232,226,219 CMYK=11,12,14,0
RGB=203,162,111 CMYK=26,40,59,0
RGB=144,170,106 CMYK=51,25,68,0
RGB=123,192,217 CMYK=54,13,15,0

4.5.3 绿植设计技巧——植物的摆放

绿色植物能够缓解疲劳、舒缓压力，使人心旷神怡。在家中摆放绿植，不仅具有美观作用，还可以改善室内的环境，减少灰尘并调节室内的温度和湿度。

几何形状的架子作为盆栽植物的支架，具有极强的现代感。在墙上节约了空间，把墙面变成一个小花园，给家里带来自然和新鲜。

这是一个室外的露台，在沙发的后面是一个小型的绿化带，在空中悬挂着紫色玻璃的装饰，给人一个自然的环境氛围。

闲暇惬意的阳台空间中，摆放了一个架子来放置绿植，坐在舒适的沙发上，望着窗外的风景，是生活中最为惬意的享受。

配色方案

双色配色	三色配色	四色配色

4.5.4 绿植设计赏析

4.6 挂画

在家庭装修中，为了增添氛围和体现主人的生活态度，常常在空间设计上装饰一些饰品。墙是整个房屋空间中较为重要的地方，常在墙上摆设装饰画、照片墙。挂画的排列悬挂方式有很多，可以根据主人的喜好自行设计。

特点：

◆ 可以反映空间的个性特点，体现主人的生活态度。

◆ 为空间添加了一丝生活情趣。

4.6.1　整洁排列的挂画设计

按照规律整齐地排放，使得空间具有线条的优美感，在视觉上给人整齐、干净的感觉，对空间也起到一种升华作用。

设计理念：门厅的设计，构成一个空间的主题，丰富了空间的内容，提升了空间的布局。

色彩点评：简单朴素的颜色，给人一种质朴感。

🟦 九宫格形摆放的树叶标本，画面上的留白，使得视觉上更透气自然。

🟦 墙面上的树叶标本颜色也与整个空间相搭配，可以看清叶脉的纹路。

🟦 柜子上的雕像装饰品，给人一种美的感觉，凸显主人对艺术的追求。

RGB=196,197,193　CMYK=27,20,22,0
RGB=142,117,76　CMYK=52,56,76,4
RGB=56,39,23　CMYK=71,77,92,57
RGB=219,217,210　CMYK=17,14,17,0

本作品为一个儿童房的空间设计，墙面挂画上的图案为26个字母的图文介绍，为空间增添了学习氛围，增加孩子的学习兴趣。

RGB=214,210,209　CMYK=19,17,16,0
RGB=178,184,198　CMYK=36,25,17,0
RGB=204,95,116　CMYK=25,75,41,0
RGB=76,49,42　CMYK=66,77,79,45

本作品中的挂画设计具有一定的抽象性，对称的摆设，给人一种整齐、简洁感。画中色彩的应用则给空间添加了朝气、现代化的氛围。

RGB=187,158,124　CMYK=33,40,52,0
RGB=91,108,116　CMYK=72,56,50,2
RGB=109,212,243　CMYK=55,0,9,0
RGB=191,202,82　CMYK=34,14,78,0

4.6.2 创意摆设的挂画设计

人们可以按照自己的喜好摆放、设置图片的形状，可以设置成画廊风格，可以随心所欲地摆放挂画，在墙面上有一个独特的体现，使得空间具有观赏性和时代感。

设计理念：采用创意的摆设，墙上的挂画为心形，整个空间充满了一种浪漫感。

色彩点评：整个空间给人一种简洁干净的感觉。

🎨 纯白墙面的空间中，放置一幅心形的挂画，使人眼前一亮，给人一种视觉上的冲击，成为难以忘记的焦点。

🎨 简约的家具布置，在墙的一侧做了一组柜子，既有储物功能，又可以作为椅子，这样节约了室内的空间。

RGB=255,255,255 CMYK=0,0,0,0
RGB=0,59,122 CMYK=100,88,34,1
RGB=182,190,201 CMYK=34,22,17,0
RGB=213,157,156 CMYK=20,46,31,0

在墙面设置一个木架，在木架装饰后，可以悬挂一些照片和画，因为不是固定在木架上的，所以可以不定期地更换悬挂的物品。

RGB=226,222,218 CMYK=14,12,13,0
RGB=202,151,91 CMYK=27,46,68,0
RGB=208,188,112 CMYK=25,26,62,0
RGB=134,142,137 CMYK=55,41,44,0

本作品为楼梯转角处的墙面设计，黑白相片的装饰画，使得空间内容丰富饱满，具有很强的观赏性和时代感。楼梯口处墙面大量使用装饰画，使得楼梯处具有主次分明的层次感。

RGB=231,217,196 CMYK=12,16,24,0
RGB=101,35,25 CMYK=54,91,97,40
RGB=0,0,0 CMYK=93,88,89,80
RGB=233,227,217 CMYK=11,15,15,0

4.6.3 挂画设计技巧——装饰画类型的划分

装饰画在室内装修中，按照制作的方法可分为实物装裱装饰画和手绘作品装饰画；按照材质可分为油画、木质画、丝绸画、摄影画等。

现代风格的空间悬挂着抽象色彩绚丽的油画，与两个抱枕的色彩相呼应。

儿童房间的装饰，无框的挂画，给人一种延伸感，展现空间的无拘无束。画中的色彩也给人一种甜蜜的感觉。

沙发背景墙的装饰，一幅自然动物题材的画作，精心雕饰的画框，对称摆放的瓷盘装饰，与沙发协调搭配在一起，为空间的美感锦上添花。

配色方案

双色配色

三色配色

四色配色

4.6.4 挂画设计赏析

4.7 花艺

花艺是花卉艺术的简称，通过一定的技术手法将其排列、组合，摆放在房屋中，使观者赏心悦目，体现人与自然的和谐相处，表现自然的生命力。人们常借用花卉、植物，作为陶冶情操、修身养性、美化环境的一种方式。

特点：

◆ 花艺的摆放能使居住的空间更有生机，更加出色。

◆ 每一种花卉都具有其独特的花语，摆放的时候可以表达出不同的含义。

◆ 可以使居住的人感到温馨，也可以使空间显得高雅有气质。

4.7.1 鲜花的花艺设计

使用鲜花进行装饰，鲜花的特点色彩绚丽、花香四溢，是生命力的象征，可以调节室内的环境氛围。鲜活的生命力给人一种积极向上的感觉。

设计理念：宽敞明亮的空间，放置的许多自然元素，给人清新、干净的感觉。

色彩点评：以典雅的白色为主色调，以中性色彩搭配，局部以红色鲜花点缀，不失热情与华丽。

🔴 充足的阳光照射进来，给人一种积极向上的感觉，使人心情豁然开朗。

🟢 空间汇总的简约座椅与植物相搭配，完美地融合在一起。

🔵 盆景的增添使平淡的空间焕然一新。

- RGB=201,1,47 CMYK=27,100,84,0
- RGB=154,191,121 CMYK=47,14,63,0
- RGB=103,73,39 CMYK=60,70,94,29
- RGB=222,208,171 CMYK=17,19,36,0

本作品为客厅空间的设计，整个空间拥有深厚的古朴韵味。在木质茶几上摆放鲜花，给空间添加了生机。墙上的干花插花则和沙发墙融为一体，显得古朴有韵味。

- RGB=179,147,106 CMYK=37,45,61,0
- RGB=85,40,14 CMYK=59,84,100,48
- RGB=254,90,97 CMYK=0,78,50,0
- RGB=237,227,200 CMYK=10,11,24,0

本作品为卧室空间的设计，在两个沙发中间的茶几上摆放花瓶，一朵朵锦簇的花朵象征着生机勃勃，花卉的颜色也与床上的靠枕、窗体的颜色遥相呼应。

- RGB=232,134,109 CMYK=11,59,53,0
- RGB=87,65,54 CMYK=66,72,76,34
- RGB=241,242,239 CMYK=6,5,6,0
- RGB=204,87,43 CMYK=25,78,90,0

4.7.2 干花的花艺设计

运用自然的干花或经过处理后的植物进行插瓶，既可以保持原有植物的自然形态，又可以进行染色、组合。干燥的花卉可长久地摆放，方便管理。干花的生命虽枯竭，但通过插花艺术又得到了永恒的延续。

设计理念：简洁的空间中运用对称的手法，没有过多的装饰，呈现出一种宁静的美感。

色彩点评：采用黑、白、灰的手法，使人心情得到放松、平静，营造出超凡脱俗的室内环境。

❶ 插花的摆设使得空间得到了延伸，凸显了空间深层次的魅力。

❷ 用天然的干花、树枝做盆景，令空间更加富有生机。

RGB=241,238,219 CMYK=8,7,17,0
RGB=201,135,73 CMYK=27,54,76,0
RGB=224,214,191 CMYK=15,16,27,0
RGB=115,83,49 CMYK=58,67,89,21

餐桌的中央摆放干花，水瓶形的插花设计，强调由重心横向延伸，中央稍微突起。其设计的最大特点是能从任何角度欣赏，给人一种享受生活的乐趣。

RGB=179,147,106 CMYK=37,45,61,0
RGB=85,40,14 CMYK=59,84,100,48
RGB=254,90,97 CMYK=0,78,50,0
RGB=237,227,200 CMYK=10,11,24,0

餐桌上摆放了青花瓷瓶，体现出了传统与现代的相融合。中间玻璃花瓶中插满了带着碎花的枝条，空间中充满暖意与清新，而且干花可以保持很长时间，摆放也灵活方便。

RGB=232,134,109 CMYK=11,59,53,0
RGB=87,65,54 CMYK=66,72,76,34
RGB=241,242,239 CMYK=6,5,6,0
RGB=204,87,43 CMYK=25,78,90,0

4.7.3 花艺设计技巧——花艺的摆放

在室内装饰中，摆放花卉会使人们的心情愉悦，当你下班的时候，看见一簇花在房间生机勃勃地绽放，一天的劳累也会随之消散。

墙上的花朵装饰与窗帘的花纹遥相呼应，使得整个空间的装饰相协调，给人一种甜美的感觉。

床头上装饰着五彩缤纷的花带，映入眼帘的就是这面墙，烘托出一种浪漫的氛围。

客厅中金色的双人沙发使得人们眼前一亮，搭配茶几上摆放着的清新自然的花束，体现了主人的生活水平和生活品质。

配色方案

双色配色

三色配色

四色配色

4.7.4 花艺设计赏析

4.8 饰品

　　家装饰品是指家装装修完成之后，利用那些可移动的、可变换的饰物与家具对室内进行二次装修。作为可移动的装饰品，可以根据主人的需求、经济情况及房屋空间的大小形状等来进行摆放，可以体现主人的个性与品位，来为空间营造出温馨、简约等风格。

　　特点：

　　◆ 美化空间，改善空间的形态。给空间添加柔和性，不会给人冰冷感、枯燥感。

　　◆ 烘托空间环境，对室内空间的设计风格具有很大影响。

　　◆ 体现出主人的个性、爱好等。主人可以根据自己的喜好来进行装饰。

4.8.1 墙面装饰的饰品设计

墙面的饰品可以增强人们视觉上的美感，美化室内的环境，突出室内的风格，同时也可以具有一定的功能，例如下面的空间，墙面的装饰具有一定的收纳功能。

设计理念：在墙上采用挂钉板，可以根据个人的需要摆放物品，节约了空间，也使生活充满了乐趣。

色彩点评：空间布局分明，繁杂而不乱，具有条理性。

🔵 多功能的挂钉板，上面可以安装轨道、挂钩，创建一个高效的办公枢纽，挂起图片、收纳筐，都是便利、高效、节约的。

🔵 儿童学习的地方，东西摆放整齐，节约了空间。

RGB=54,163,168 CMYK=73,21,38,0
RGB=237,231,217 CMYK=9,10,16,0

创意的瓷盘造型，令简洁时尚的空间更加丰满，添加了一丝趣味。黑色素雅的柜子上摆放书籍、台灯，体现了主人的生活品位。

RGB=54,171,165 CMYK=72,15,42,0
RGB=234,246,222 CMYK=12,0,18,0
RGB=0,0,0 CMYK=93,88,89,80

照片墙的设置，给整个空间构成了一个主题，丰富了整个空间的内容，老照片的摆设，也带给人们一种回忆。

RGB=224,217,199 CMYK=15,15,23,0
RGB=223,177,99 CMYK=17,35,66,0
RGB=0,0,0 CMYK=93,88,89,80
RGB=255,255,255 CMYK=0,0,0,0

4.8.2 圣诞节的饰品设计

圣诞节本来是一个宗教节日,伴随着圣诞卡、圣诞老人的出现慢慢风靡了全世界。现在圣诞树可以说是圣诞节的必备装饰,人们在它的顶尖摆放一个星星。圣诞节中装饰的基本颜色是白色、红色和绿色,红色的圣诞花、绿色的圣诞树和白雪皑皑的环境。

设计理念:节日的特有装饰,给整个房屋添加了节日气息。

色彩点评:圣诞节特有的颜色搭配。

🎀 壁炉上的装饰彩带和气球,是圣诞节的基本体现。

🎀 纯白色的沙发搭配红色的花纹地毯,给人一种干净、清新的感觉。

🎀 透明的茶几,既有实用的功能,也在视觉上增大了空间感。

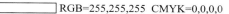

RGB=255,255,255 CMYK=0,0,0,0
RGB=165,71,79 CMYK=43,84,64,3
RGB=201,177,136 CMYK=27,32,49,0
RGB=62,41,24 CMYK=68,77,92,55

圣诞节的必备装饰是圣诞树,绿色的圣诞树上挂满了金色的装饰物,红色的窗帘、抱枕、矮椅,都给房屋里添加了浓浓的节日气息。

RGB=255,255,255 CMYK=0,0,0,00
RGB=184,10,37 CMYK=35,100,97,2
RGB=0,0,0 CMYK=93,88,89,80
RGB=189,175,130 CMYK=32,31,53,0

整个餐厅洋溢着圣诞节的气息,红白相间的座椅椅套,分别表明了家庭成员的位置,窗户上挂着的两个花环,也彰显着圣诞节的到来。

RGB=221,214,227 CMYK=16,10,15,0
RGB=255,255,255 CMYK=0,0,0,0
RGB=217,34,54 CMYK=18,96,78,0
RGB=65,96,35 CMYK=78,53,100,19

4.8.3 饰品设计技巧——饰品的摆放

　　饰品的设计基本任务就是增强空间的美感。饰品的陈列布置方式非常讲究，不同风格的设计可以使用不同的方式，或整齐，或随意。饰品的摆设要考虑到空间结构造型的美感，要把艺术和生活结合在一起。

走廊位置的柜子上，摆放着一本笔记本，当家人需要什么的时候，可以在上面留言。摆放的小饰物也给空间添加了生活情趣。

炉台两侧墙面上的架子，可以收纳摆放一些厨房用品，节约了空间，也使得厨房变得整齐、干净。

床头墙面上的装饰品，极具现代感与艺术气息。红色的珊瑚形状，给人一个遐想的空间。

配色方案

双色配色

三色配色

四色配色

4.8.4 饰品设计赏析

4.9　设计实战："格调印象"家居空间设计

4.9.1　设计说明

建筑面积：110 ㎡

装修风格：简单、清爽、现代的简约风格

主要材料：铁艺、墙漆、涂料、抛光地砖、石膏线等

本案例中的家居空间是为一对新婚夫妇设计的现代简约风格的整体方案，空间为两室两厅一厨一卫，共计 110 ㎡。

客户特点及要求：

客户是一对年轻的新婚夫妇，受教育程度较高，有一定经济实力。空间主要以简洁的时尚感为主。业主有自己的想法，喜爱比较有格调的空间设计，喜爱现代风格的感觉，希望在保持空间设计性的前提下兼顾功能性。

解决方案：

根据客户提出的要求和想法进行方案设计。从风格方面，会大量使用现代风格的家具、配饰，力求达到简约而不简单。从色彩方面，采用黑色、米色、蓝色为主。摒弃繁缛豪华的装修，力求拥有一种现代简约的居室空间。材料、家具、配饰的选用要更环保、有内涵、有格调。

风格特点：

◆　空间线条结构明朗，凸显现代风格的特点。

◆　空间虽大，但是分割合理，集设计和实用为一体。

◆　墙面不使用过多的花纹作为装饰，仅仅使用浅色系为主色调，简单明了，惬意舒适。

◆　家具陈列方式具有个性，搭配设计感强烈的配饰，动静结合。

◆　墙面装饰画极具艺术气息，凸显了客户的文化内涵。

4.9.2　不同设计风格赏析

客　厅	分　析
 设计师清单：  	● 本案例运用白色与黑色纯度上的调和，使空间显得比较和谐，整个空间给人干净、整洁的视觉效果。 ● 本作品属于现代简约风格的客厅搭配，很符合简单、沉着性格的人居住。 ● 在沙发的斜后方位置，开辟了一个展示柜的位置，上面还有专门设置的筒灯。

卧　室	分　析
 设计师清单： 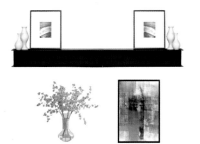	● 卧室的空间用淡蓝色墙体契合于客厅的设计强调出空间的和谐搭配，也把卧室空间塑造得和谐温馨，更容易使居住者身心放松。 ● 在家居设计中要重视不同空间要有统一的要点，由作品可以看出居室空间整体的融合性，塑造出更为静谧随和的空间。 ● 整个空间以对称的方法来设计，墙面上的装饰柜，可以放置一些东西，在另一侧的墙面设置了挂钩，整个空间兼顾了功能性和舒适性。

餐 厅	分 析

设计师清单：

- 本作品空间简练的装饰摆设可以很好地凸显出空间的宽容感，也更加方便居住者打理空间。
- 在餐厅空间打造一处精巧的窗户，不仅能够使空间更加明亮，还能在就餐时享受温馨的阳光浴。
- 餐厅是一家人就餐、联络感情的地方，在墙面上摆放的绿植，给人一种清新的氛围，也促进了家人的感情。
- 在一旁摆放了一个酒柜，酒柜旁为了方便推放，设置了一架手推车。

厨 房	分 析

设计师清单：

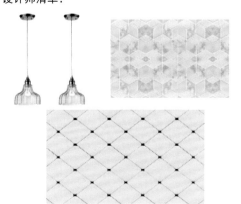

- 作为厨房的空间设计，整个空间大部分采用瓷砖材料作为墙体和地面的铺装。
- 空间形式简洁，强调空间的宽阔感，柔和的吊灯，为明亮的空间增添一丝浪漫的柔情，照射在食物上，可以提升人们的食欲。
- 开放的厨房内部所设置的大理石台面，能够令简洁的空间增添一些时尚气息，使平淡的环境增加一些活力。
- 整个空间具有齐全的家电设施，具有强大的功能性，满足了主人的日常生活需求。

书　房	分　析

设计师清单：

- 简约式的书房没有过多的繁杂元素，却能用以少胜多的形式抓住人的眼球，进而突出空间简练的内涵，还能让书房不那么过于沉闷。
- 阳光透过落地窗照射在淡雅的蓝色墙面上，令整个书房更加富有生气，也令空间多了几分情感的表达。
- 趣味的书架、明亮的座椅、沉稳的书桌和地毯整体搭配起来既不突出又显得那么恰当融合，把书房塑造得更加丰富多彩。

卫　浴	分　析

设计师清单：

- 棕黑色的实木与大理石台面把洗漱台塑造得更为沉稳整洁。整个空间显得简洁、干净。
- 本作品空间注重干湿分明，运用地面设计将洗漱、淋浴空间合理地划分，也能够很好地保持空间的整洁性。
- 在卫浴空间装设一面大小适中的窗户，既能保持空间的私密性又能使空间拥有良好的通风性能，很好地解决了空间易潮湿的问题。

第**5**章　软装饰设计的风格

现代 / 简欧 / 简约 / 美式 / 欧式 / 田园 / 地中海 / 中式 / 混搭

　　软装饰设计从最简单的生活需求逐渐演变到个人需求，可以运用多种元素设计精致的室内空间，通过软装饰的搭配，形成多种风格的房屋空间，让我们足不出户就可以体验到不同的地域风情。软装饰装修的风格可以分为：现代风格、简欧风格、简约风格、美式风格、欧式风格、田园风格、地中海风格、中式风格、混搭风格等。

　　◆　现代风格在视觉上给人前卫、现代的感官享受，注重功能性与空间性的统一，重视家具材料的材质，不需要过多复杂的线条。

　　◆　简欧风格是欧式风格的简化，拥有欧式风格的奢华大气，同时也拥有现代时尚风格，不再拘泥于复杂的装饰雕刻，颜色上也更加鲜艳亮丽。

　　◆　简约风格的优点是将空间中的元素最少化来体现丰富的内涵，获得以简胜繁的效果。

　　◆　美式风格因为其随意不羁的生活方式，没有过多的装饰约束，大气而又不失随意。

　　◆　欧式风格适用于拥有较大空间的房屋，大空间可以装饰得奢华大气、尊贵优雅。

　　◆　田园风格的最大特点就是回归自然，以园圃特有的自然特征为主要元素，带有一定的艺术特色。

　　◆　地中海风格因其独特的地理位置，具有多种颜色的搭配方式，家具材料就地取材，线条造型大多不修边幅，显得更加自然。

　　◆　中式风格在空间上讲究层次感，多用屏风、博古架等传统装饰进行空间分割，融合了庄重与优雅的气质。

　　◆　混搭风格是多种风格互相协调地统一出现在空间中，这种搭配使各个空间相互融合。

5.1 现代风格

　　现代风格注重功能性的应用，具有简洁的造型、装饰，应用合理的构造工艺，重视材料的性能特点。现代风格中无论空间大小，大多要显得宽敞。不需要复杂化的装饰和过多家具，造型方面多采用简单几何结构，追求时尚与创新。是比较流行的一种装饰风格。

　　特点：

　　◆　现代风格家居的空间，色彩可以明亮跳跃，大量运用高纯色彩，不遵循传统的配色规则。大胆灵活的颜色搭配，也是彰显个性的体现。

　　◆　现代风格家居多强调以功能设计的中心和目的为着手点，建立简洁、实用的个性化空间，通常不是以形式为设计的出发点。设计的同时讲究科学性，重视使用时的科学性与方便性。

　　◆　多功能的个性空间中，强调了实用性而减少了装饰，所以需要软装配合才更能显示美感，但要避免多余装饰，合理地分配空间，尽可能地了解材料的性能、质地，把它们相互科学地组合在一起。

5.1.1 现代风格——自然

现代风格空间设计中常将自然重点体现。多用实木的材质作为家具，自然、休闲、轻松。回到家中就像回到了大自然中，能把所有的疲惫和倦怠都驱散开来。

设计理念：设计上强调结构的完整，硬朗的线条干练而明朗，运用最少的设计语言表达最深的内涵。

色彩点评：浅色系的空间色彩，给人一种简洁，干净的空间。

🌕 以白色为主基调，地面采用浅灰色添铺，相较于白色或黑色，划痕和污渍在灰色中反不显眼，比较耐脏。

🌕 使用现在流行的刨花板制作家具。以柜子作为隔挡，有效地划分空间区域。

🌕 大型的展示柜，使空间多了储物功能，也在空间上进行了延伸。

RGB=255,255,255 CMYK=0,0,0,0
RGB=204,204,206 CMYK=24,18,16,0
RGB=182,139,94 CMYK=36,50,66,0

该空间中大量运用木质材料，大到地板、电视背景墙，小到座椅、吊灯。使得整个空间充满自然的氛围，搭配棉麻材质的地垫、草编的收纳筐，都突出清新自然的气息。

RGB=222,154,197 CMYK=17,27,40,0
RGB=228,221,215 CMYK=13,13,15,0
RGB=145,136,131 CMYK=50,46,45,0

该咖啡馆的空间采用工业与自然相结合设计而成。简单的木质桌椅能给空间带来自然氛围，黑色的吊顶框架和灰色混凝土地面，在灯光的照明下，也变得柔软不生硬。空间采用对称式陈列，显得整齐、严谨。

RGB=203,120,14 CMYK=26,62,100,0
RGB=176,158,151 CMYK=38,38,37,0
RGB=0,0,0 CMYK=93,88,89,80

5.1.2 现代风格——新奇

后现代主义风格是对现代风格的一种深入表现，后现代风格强调建筑及室内设计应具有历史的延续性，但又不拘泥于传统的逻辑思维方式，探索创新造型手法，常在室内设置夸张、变形的造型。

设计理念：曲线在后现代设计作品中被人们越来越重视，它是生动的、无常的、变幻的。

色彩点评：采用黑白对比色，使人更加专注于读书，不受干扰。

🕐 采用黑白配色，摒弃纷杂的色彩，给人一种安静的氛围。

🕑 整个空间从上到下整体贯穿，视觉上宽广绵长。

🕒 一楼的 C 字形总服务台，是从整体上配合了天井的装饰，在视觉观感上给人一种连续感。

RGB=255,255,255　CMYK=0,0,0,0
RGB=0,0,0　CMYK=93,88,89,80

本作品空间使用大面积的白色，配上红色豹纹地毯和银色软椅，以及悬挂的两把造型奇特的椅子，使整个空间产生一种近似"太空"的感受。

☐ RGB=255,255,255　CMYK=0,0,0,0
■ RGB=181,56,70　CMYK=37,91,70,71
■ RGB=125,121,118　CMYK=59,52,50,1
■ RGB=14,18,27　CMYK=92,87,75,67

本作品以自然元素贯穿始终，将休闲区形象地表现为一个花园。把树的形态抽象为遮阳伞的造型，中间的绿色沙发好像一枝新生的树芽，从土地中茁壮生长，给人一种清新和生机勃勃的生命力。

RGB=237,230,224　CMYK=9,11,12,0
■ RGB=129,105,92　CMYK=57,61,63,6
■ RGB=166,210,113　CMYK=43,3,68,0

现代风格的设计技巧——木纹材料打造自然风

木纹材料触感温润、坚实，能够给人们带来一种返璞归真、回归自然的感觉，所以在现代风格装饰中木纹材料的应用十分广泛，例如衣柜、橱柜、茶几等都可以选择木纹材料。

这种现代风格的厨房以原生态实木橱柜为特色，创造了一个干净、整洁、亲近自然的厨房空间。

这是一个面包店的前台空间。它的天花板设计采用实木木板拼接而成的框架结构，既给人一种通透的空间感，还可以用来隐藏照明和通风。

这是一个过渡空间，简单的深色包边分隔出楼梯与走廊。墙面上的书架，使整个空间富有文艺气息的同时兼有储物功能。

配色方案

双色配色	三色配色	四色配色

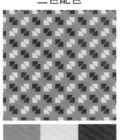

现代风格设计赏析

5.2 简欧风格

简欧风格就是简化的欧式风格，作为欧式风格的延伸，简化的欧式风格虽然淡化复杂的装饰效果，但仍可以感受历史留下的痕迹与丰富的文化底蕴。简欧风格的特点是多以象牙白为主体颜色，以深色为辅助颜色。摒弃了繁杂与奢华，变得低调而又有内涵，干净而又清新，是现代都市人较为喜爱的装修风格。

特点：

◆ 注重简单、大气，多用浅色系、同一色系来大面积装饰空间。要统一成同一个系列，风格也要统一。

◆ 吸收了现代设计的优点，简化了线条装饰，简化了家具造型，优美的线条是简约欧式的特点。

◆ 小空间中也可以适用，不再受空间大小的限制。

◆ 多使用石膏线、地毯、欧式镜、水晶吊灯等元素。

◆ 可以选择一些典型的欧式风格的墙纸装饰房间。

5.2.1 简欧风格——素雅

不再使用过多复杂的装饰，以浅色为主，搭配深色家具，给人深沉、稳重的感觉，有着家庭特有的安全感，也可以有温馨、甜蜜、舒适的感觉。

设计理念：运用简化的线条装饰空间，吊灯为铁艺造型。

色彩点评：以米色作为主色，搭配白色和棕色的家具，给人一种温馨而舒适的感觉。

🔴 铁艺的吊灯造型独特，给空间增加了层次感。

🔴 白色背景下衬托着深棕色家具，给人一种稳重的感觉。

🔴 线条简单的家具，墙上装饰对称摆放，给房屋添加了文艺气息。

RGB=255,255,255 CMYK=0,0,0,0
RGB=76,52,40 CMYK=66,76,82,45
RGB=184,149,109 CMYK=35,45,59,0

极为简约的室内空间中，屋顶中间的大型水晶吊灯给空间添加了奢华、高贵的气质，两个单人的皮质沙发给人一种成熟稳重的感觉。

■ RGB=124,49,58 CMYK=55,72,85,19
□ RGB=255,255,255 CMYK=0,0,0,0
■ RGB=206,198,161 CMYK=24,26,34,0

空间中没有使用过多复杂花样的家具，白灰相间的条纹沙发、绿色简单的欧式设计，搭配黑色的水晶吊灯、墙上的壁画、角落里的钢琴，无一不表现出主人的个人生活习惯。

■ RGB=208,190,170 CMYK=23,27,33,0
■ RGB=59,99,47 CMYK=80,52,100,17
■ RGB=0,0,0 CMYK=93,88,89,80
■ RGB=0,0,0 CMYK=93,88,89,80

5.2.2 简欧风格——浪漫

简欧风格可以体现浪漫，主要从软装饰上来体现，如窗帘的颜色、床幔的材质、灯具的选择，这都会对风格产生影响。简欧风格的装修可以让你体验到惬意和浪漫。

设计理念：高挑的吊灯、空间上的对称设计、线条简洁的沙发完美地结合，呈现出一种惬意浪漫的环境。

色彩点评：大量使用暖色调再加上少许冷色点缀，使视觉感官更加饱满。

❶ 高挑的窗帘、悬挂的烛台灯，使得空间充实饱满。

❷ 造型简洁的沙发，摆放在客厅中，给人一种舒适、享受的感觉。

❸ 壁炉的造型、豪华的镜子则在空间中形成了对比，这正凸显了欧式风格的特点。

RGB=191,175,162 CMYK=30,32,34,0
RGB=101,77,53 CMYK=62,68,83,26
RGB=230,209,166 CMYK=13,20,38,0
RGB=122,81,59 CMYK=56,71,80,19

本作品为一个儿童房的空间设计，简单的欧式家具，搭配浅蓝色的壁纸，给人一种恬静、淡雅的感觉。墙壁上的床幔可以独立出空间，给人一种浪漫的氛围。

RGB=208,165,130 CMYK=23,40,49,0
RGB=213,225,221 CMYK=20,8,14,0
RGB=255,255,255 CMYK=0,0,0,0
RGB=123,98,137 CMYK=62,67,31,0

本作品为一个优雅唯美的客厅空间，采用不对称的设计想法，整个空间以浅色为基调。简化线条的浅色沙发，给空间添加了高雅、浪漫的感觉。

RGB=156,143,134 CMYK=46,44,44,0
RGB=88,37,10 CMYK=58,86,100,47
RGB=246,245,241 CMYK=5,4,6,0
RGB=0,0,0 CMYK=93,88,89,80

简欧风格的设计技巧——精美灯具的应用

欧式风格中的灯具以华丽、古典的造型深受人们喜爱，欧式古典的魅力，在历史的长河中慢慢沉淀积累，形成了其现在具有的独特风格。影影绰绰的灯光可以有效地烘托出空间的氛围。

这是一个烛台灯，是欧式风格典型的灯具款式，提升了空间层次感，给房屋添加了一种高贵的气质。

中间的铁艺吊灯，搭配墙上的壁灯，灯光遥相辉映，给餐厅增添了光彩，有助于增加食欲。

悬挂精美的吊灯，给房屋增添了华贵的气息，灯光营造出一个温馨的空间，在餐厅就餐时可以感到无比舒适。

配色方案

双色配色 　　　　　三色配色 　　　　　四色配色

简欧风格设计赏析

5.3 简约风格

　　简约风格是将室内装修的色彩、照明、装饰简化到最少的程度。通常简约设计风格会以简洁的表现形式满足人们对空间的合理需求，做到空间相互渗透，功能上可以相互辅助，达到以简胜繁的效果。

　　特点：

　　◆　简洁和实用是现代简约风格的基本特点，家具和日用品多采用简单的线条造型，在材料的选择上也不局限于天然材质，可以使用金属、铁艺、塑料、新型材料等。

　　◆　可通过家具、吊顶、地面材料、光线等来划分，这种划分具有灵活性、流动性。不只重视空间的表现效果，更着重于功能性的体现。

　　◆　墙面、地面、家具、五金用品等均以简单的造型、质朴的材料和精细的工艺展现出来。

5.3.1 简约风格——极简

　　极简风格是以事物自身原始形式展示出来，追求极致的简单表现效果。一般使用原始的材质颜色，抛除了多余的元素、色彩、形状和纹理。提倡以简单的几何造型为基准。在设计中也考虑到经济因素，从而达到实用目的。

　　设计理念：使用最简单的装饰，简洁的线条，给人一种简约、舒适的感觉。

　　色彩点评：颜色淡雅不张扬，采用冷色调为整体空间主题色。给人冷静、睿智的感觉。

　　🔵 该空间是一个黑、白、灰三种不同明度构成的极简主义空间。

　　🔵 这是一个极为简单而且风格化的会客厅，上面有一个造型简单而独特的吸顶灯，在灯光下营造出一种柔和宁静的氛围。

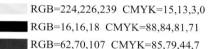

RGB=224,226,239 CMYK=15,13,3,0
RGB=16,16,18 CMYK=88,84,81,71
RGB=62,70,107 CMYK=85,79,44,7

　　该空间是一个运动品牌服饰店，通过使用橙色拉丝不锈钢网格和灯带照明，空间中带有的节奏感与极简主义形成鲜明对比。

RGB=201,200,198 CMYK=25,19,20,0
RGB=58,53,93 CMYK=87,88,47,14
RGB=235,99,51 CMYK=9,74,81,0

　　厨房的整个空间以白色为基调，如果你不喜欢瓷砖和金属的材质，可选择清新的花卉图案或颜色柔和的壁纸，但切记壁纸需要具有很好的防污功能。

RGB=255,255,255 CMYK=0,0,0,0
RGB=60,67,73, CMYK=80,71,63,28
RGB=122,93,61, CMYK=57,64,81,15

5.3.2 简约风格——都市

都市现代风格强调现代感和时尚感相结合，展现出独立自主的个性。在家具材质、线条、色彩等方面立足简约。当主人拖着疲惫的身躯回到家的时候，看见自己的家简洁明快、实用大方，会产生一种舒适安全、轻松自在的感觉。

设计理念：设计上强调简洁，结构线条明朗有力，采用现代材料制作家具，给人一种现代感极强的视觉冲击。

颜色点评：整个空间采用灰白颜色，黑色作为辅助色，使整个空间简洁、明快。

🔵 通过吊顶区分空间，在酒柜的上面设置了筒灯，保证了充足的光源。

🔵 墙壁上的挂画、酒柜的背景都为黑色，巧妙的设计中包含着现代生活的精致。

RGB=255,255,255 CMYK=0,0,0,0
RGB=180,173,163 CMYK=35,31,34,0
RGB=0,0,0 CMYK=93,88,89,80

客厅中的家具表面使用光滑的材质，米色客厅家具和深灰色的墙纸，表现出一种优雅而严肃的风格。客厅作为屋子的核心，给人一种时尚感。

RGB=197,111,178 CMYK=28,35,41,0
RGB=51,45,49 CMYK=78,78,70,48
RGB=152,98,54 CMYK=47,67,88,7

白色的墙壁和地板在房间中占主体地位，使整个空间显得纯净、清新，挂着树枝的墙面给空间带来了丝丝生机，同时起到绿化空间的作用。

RGB=255,255,255 CMYK=0,0,0,0
RGB=4,8,19 CMYK=94,90,78,72
RGB=82,108,135 CMY75,57,38,0
RGB=114,139,55 CMYK=64,39,96,1

简约风格的设计技巧——家居陈列的实用性原则

　　简约风格设计装修时，追求的是实用性和灵活性，不采用过多的装饰，以精致简约的装修效果取胜，不放过每一个细小之处。为现代人提供更加舒适的居住空间。

不浪费一点空间，把洗手间的一面墙开了个洞，做了一个内嵌式的柜子。摆放东西时整齐不突兀。

在冰箱与橱柜的空隙处，做了一个推拉式的柜子，可以摆放调料瓶子，可以方便、快速地找到所需的物品，并且节约空间。

厨房空间较小的情况下，不能做 U 形橱柜，为了日常生活所需，在灶台对面的墙上做了个简易木柜、木架，来摆放物品。

配色方案

双色配色　　　　　　三色配色　　　　　　四色配色

简约风格设计赏析

第 5 章　软装饰设计的风格

109

5.4 美式风格

　　美式风格，顾名思义就是源自美国的装饰风格，是美国生活方式演变到今日的一种风格。它有着欧洲的奢侈与贵气，又结合了美洲大陆的本土文化，不经意中成为另外一种休闲浪漫的风格。美式风格摒弃了过多的烦琐和束缚，崇尚自由、随性和浪漫。

　　特点：

　◆　家具用料多为实木，在保留了古典家具的色泽和质感的同时，又注意适应现代生活空间，涂料装饰上往往采取做旧处理。

　◆　抛弃欧式所追求的新奇和浮华，建立在对新古典主义认识的基础上，强调简洁、明晰的线条和优雅、得体有度的装饰。

　◆　讲究空间摆饰。房子是用来居住的，不是用来观赏的，要让住在里面的人感到温暖自然，才是美式风格设计的精髓。

　◆　同时注重壁炉与手工装饰，追求粗犷大气、天然随意性。

5.4.1 美式风格——复古

美式复古风格整体上有一种自然、粗犷和历史感，以实用舒适为主要需求，不会过分强调华丽的装饰。在家具的选择上通常会选择实木作为主要材料，室内的色彩常选择红褐色或黄褐色这类颜色深沉、厚重的暖色调。

设计理念：重现历史，运用古老的家具、天然的吊顶装饰，形成统一的布局。

色彩点评：深色系搭配暖色调，既显得空间庄重，又带有一丝暖意。

🔵 复古的深色橱柜，搭配暖色的木质吊顶，使得厨房空间既温馨庄重，又不会过于沉稳老气。

🔵 木质结构具有极好的稳定性，材料透气性也好。

🔵 搭配复古的吊灯装饰、暖色的灯光，也会增加用餐者的食欲。

RGB=142,121,104 CMYK=52,54,59,1
RGB=187,69,5 CMYK=34,85,100,1

窗户上半部采用拱弧形，既拉伸了空间的高度，又给室内提供良好的采光。桌、椅、酒柜，采用褐色实木材料，精心雕刻而成，营造出沉稳、安静的空间。

■ RGB=141,104,85 CMYK=52,63,67,5
□ RGB=254,254,254 CMYK=0,0,0,0
■ RGB=59,48,46 CMYK=74,76,74,48
■ RGB=159,103,80 CMYK=45,66,70,3
■ RGB=106,46,46 CMYK=56,87,79,34

深色格子状天花板错落有致，弧形门窗的设计，抬高了空间整体效果，深蓝色的天花板给人一种悠远深长的感觉。皮质的单人沙发，则带给人们高贵舒适的享受。

■ RGB=78,111,144 CMYK=76,56,33,0
■ RGB=71,50,47 CMYK=69,77,75,44
■ RGB=216,214,202 CMYK=19,15,21,0
■ RGB=122,81,79 CMYK=57,72,67,14
■ RGB=201,150,93 CMYK=27,47,67,0

5.4.2　美式风格——乡村

美式乡村风格以舒适为主要需求，突出了生活的舒适、自由。美式乡村风格的典型特征是自然、怀旧，散发着浓郁泥土芬芳的感觉。美式乡村风格的色彩以自然色调为主，绿色、土褐色是常见颜色，家具的颜色多仿旧复古，壁炉多用石材砖块堆砌。

设计理念：美式乡村风格通常简洁爽朗，线条简单、体积粗犷自然裁切的石材，风格突出格调清婉惬意。

色彩点评：原始的石砖，壁炉以木材为原料，在壁炉附近设置出两个空间，放置木材。营造出悠闲舒适的空间。

● 空间中的颜色都为浅色系，颜色对比弱，给人一种舒适安逸的感觉。

● 纯石块堆砌的壁炉及壁炉上牛头造型的装饰品，给人一种质朴、自然的感觉。

RGB=158,152,164　CMYK=44,40,28,0
RGB=220,190,166　CMYK=17,29,34,0
RGB=197,163,126　CMYK=28,39,51,0

该空间以浅绿色墙面为主体，深色地板上铺着一个浅色为主的大面积地毯，衬托浅绿色的碎花布艺沙发，体现出清新自然的乡村氛围。

原始木材搭建的阁楼框架，安全结实，整个空间注重自然舒适性，保持木材原有的纹理和质感，营造出独特的乡村味道。

■ RGB=135,141,97　CMYK=50,42,66,0
　RGB=247,243,240　CMYK=4,6,6,0
■ RGB=207,173,137　CMYK=24,36,47,0
■ RGB=118,58,50　CMYK=54,83,76,25
■ RGB=38,35,27　CMYK=79,76,84,61

■ RGB=188,157,102　CMYK=33,41,64,0
□ RGB=249,251,250　CMYK=3,1,2,0
■ RGB=99,64,45　CMYK=60,74,83,66

美式风格的设计技巧——布艺的舒适沙发

　　布艺是乡村风格中主要运用的元素，本色的棉麻材质为主流，布艺的天然感与乡村风格能很好地协调，给人一种自由奔放、温暖舒适的心理感受。各式图案的布艺沙发带着甜美的乡间气息而受到人们的追捧。

整个空间以亮灰色作为主色调，而玫红色的布艺沙发给空间添加了清新亮丽，让原本单调的空间色彩多了几分欢快的情绪。

浅绿色的布艺沙发给空间添加一种恬淡而自然清新的感觉。

麻布作为布艺沙发的常用材质，具有良好的导热性，材质紧密而不失柔和，软硬适中，比较耐磨。带有一种古朴自然的感觉，适合美式乡村风格。

配色方案

双色配色

三色配色

五色配色

美式风格设计赏析

5.5 欧式风格

　　欧式风格是欧洲各国传统文化所表达出的强烈的文化内涵，最早来源于埃及艺术，以柱式为表现形式。主要有巴洛克风格、洛可可风格、意大利风格、西班牙风格、英式风格、北欧风格等几大流派。欧式风格多数用在别墅、酒店、会所等项目中，体现出一种高贵和奢华大气的感觉。在公寓的装修上也可以运用欧式风格，适用于追求浪漫、优雅气质和生活品质感的人。

特点：

◆ 强调以华丽的装饰、浓烈的色彩，达到华贵的装饰效果。

◆ 注重对称的空间美感，在空间装饰时讲求合理、对称的比例。

◆ 客厅多数运用大型吊顶灯池。

◆ 多以圆弧形做门窗上半部造型，并用带花纹的石膏线勾边。

◆ 空间面积大，精美的油画与雕塑工艺品是不可缺少的元素。

5.5.1 欧式风格——奢华

奢华风格就是表现尊贵典雅，大量采用白、乳白与各类金黄、银白有机结合，形成特有的豪华、富丽风格。房间中深沉里显露着尊贵，典雅中浸透着华丽。

设计理念：采用穹顶和雕花结合的天花板、精益求精的雕刻、大型明亮的吊灯，给人一种奢华富丽的感觉。

色彩点评：大量运用暖色，使视觉感官更饱满，增强空间感。

🌀 大型水晶灯的装饰，让客厅更加奢华气派，使得空间饱满不空旷。

🌀 天花板上大量使用石膏线条、镀金来装饰，呈现出气势磅礴的景象。

🌀 复式楼的走廊的栏杆也雕刻精美，深色扶手起到划分空间的作用。

RGB=207,145,44 CMYK=25,49,89,0
RGB=255,253,238 CMYK=1,1,9,0
RGB=43,30,18 CMYK=75,79,91,64

大面积的空间中运用金色和红色，墙面和天花板使用金色线条作为装饰，给空间增添了豪华、富丽的气息。宽大的地毯摆放在地面，使得空间不会过于空旷，还会起到一定的保护作用。

整个空间是一个金碧辉煌的会客厅，圆形花纹吊顶，墙面上雕刻精美的花纹，墙壁上的罗马柱起到了分割的作用，构造出雍容华贵的空间形象。

■ RGB=207,145,44 CMYK=25,49,89,0
■ RGB=105,12,7 CMYK=53,100,100,40
■ RGB=126,87,48 CMYK=55,61,97,17
■ RGB=184,168,168 CMYK=33,25,29,0

■ RGB=217,180,39 CMYK=76,56,33,0
■ RGB=83,26,7 CMYK=69,77,75,44
■ RGB=208,100,198 CMYK=19,15,21,0
■ RGB=225,198,131 CMYK=57,72,67,14

5.5.2 欧式风格——尊贵

尊贵的欧式风格体现出其特有的浑厚，具有丰富的艺术底蕴，开放、创新的设计思想及尊贵的姿容。从简单到烦琐，从局部到整体，精雕细琢，给人一丝不苟的印象。

设计理念：强调表面装饰，运用描边镶金花纹，透露出尊贵风格，凸显出高贵而典雅的气质。

色彩点评：整个空间着重采用暖色系，给人温馨、高贵的感觉。

① 火鹤红的墙壁搭配白色的欧式花纹，给人一种尊贵的氛围，好似欧洲宫殿的房间。

② 天花板上挂着华丽的水晶灯，给人一种雍容华贵的感觉。

③ 墙壁上的镶金画框搭配墙壁上的装饰线条，更加突出主人的高贵典雅。

RGB=212,154,124 CMYK=21,48,49,0
RGB=209,167,117 CMYK=23,39,56,0
RGB=143,73,3 CMYK=47,78,100,15

本作品以白色为主色调，华丽、典雅中透着高贵，入厅口的两个罗马柱整齐地分割空间。挑高的两层设计和墙体边缘部分的石膏线勾边，凸显空间风格。

☐ RGB=255,255,255 CMYK=0,0,0,0
■ RGB=97,50,24 CMYK=60,75,100,40
■ RGB=24,26,25 CMYK=29,39,55,0
■ RGB=196,123,160 CMYK=61,33,86,0

本作品的空间是一个别墅大厅，大厅中间的大门通往一楼的房间，两侧以对称的方式设计，四个笔直罗马柱、铁艺雕刻的楼梯扶手，构造出一种精致华贵的空间形象，给人深深的震撼。

■ RGB=226,210,187 CMYK=15,19,28,0
■ RGB=249,175,27 CMYK=7,29,88,0
■ RGB=24,26,25 CMYK=29,39,55,0
■ RGB=220,156,144 CMYK=17,47,38,0

欧式风格的设计技巧——纱幔营造浪漫空间

　　欧式风格中的床上喜欢运用床幔元素，床幔的主要功能在于分割床头空间，可以挡风、促进睡眠，还起到装饰的作用。在卧室中又独立出一个单独的空间，使得空间浪漫、静谧，利于休息。也可以营造出浪漫的氛围。

垂帘式床幔多用于欧式风格中，主要起到装饰作用。不需要床柱与横梁，将白纱悬挂在床体正上方，四周散开形成浪漫空间。一般适用于圆床。

现代式床幔让人感受到清雅简洁，一般需要设置床柱与横梁，绿色给人一种清新自然的氛围，有助睡眠。

这是一个双层式的床幔，将床头与横梁共同组合起来，黄色让人感觉到雍容华贵的氛围，颇具古典与浪漫主义气息。

配色方案

双色配色

三色配色

五色配色

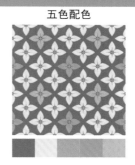

欧式风格设计赏析

5.6 田园风格

　　田园风格是具有田园气息、贴近自然的小清新式的软装饰设计，常使用白色、绿色、青色、蓝色、红色等作为空间延伸。田园风格最大的特点就是朴实、亲切、实在，展现朴实的生活气息。田园风格包括很多种，有英式田园、美式乡村、中式田园等。英式田园风格多以奶白色、象牙白为主，细致的线条和高档的油漆处理清新脱俗；美式乡村风格在环境中表现悠闲舒适的田园生活；中式田园风格多以丰收的颜色为主调，删减多余的雕刻，糅合家具的舒适。它们的共同特点就是回归自然。

特点：

◆ 回归自然，不需要精雕细刻，允许有粗糙和破损。

◆ 朴实、亲切、实在，贴近自然，向往自然。

◆ 布艺、碎花、条纹等图案为主调，鲜花和绿色的植物也是很好的点缀。

◆ 空间明快鲜明，多以软装为主，要求软装和用色统一。

5.6.1 田园风格——清新

质朴高雅的清新风格，是在室内环境中力求表现悠闲舒适的田园生活情趣，追求一种清纯脱俗、安逸的生活。清淡的色彩散发着自然、清新、温润的气质。

设计理念：以简单的手法，素雅的方式，营造纯净的效果。

色彩点评：绿色是自然的代表色，具有清新淡雅的视觉效果，给人以新鲜而生机盎然的视觉印象。

🔵 新鲜的黄绿色，搭配天蓝色，让人感受到整个空间清爽宜人。

🔵 布艺的沙发柔软，给人一种舒适感，可以消除疲劳与困乏。

🔵 深色的地板与纯白的天花板相对比，使得整个空间更充实。

RGB=145,145,59 CMYK=52,40,90,0
RGB=195,205,201 CMYK=26,12,60,0
RGB=111,152,198 CMYK=62,36,12,0
RGB=113,63,34 CMYK=55,77,97,29

绿色的墙体像夏天成熟的花园，嫩绿色的空间给人清新温馨的感觉，让人舒适放松。

RGB=187,194,142 CMYK=34,19,51,0
RGB=97,108,42 CMYK=69,52,100,12
RGB=187,160,81 CMYK=34,38,76,0
RGB=104,57,1 CMYK=57,78,100,35

在米色墙面上，绿色和金黄色相搭配出的太阳造型，给空间添加自然气息。绿色的葫芦灯、简单的白色、绿色沙发都与墙上的金太阳相呼应。

RGB=74,117,45 CMYK=76,46,100,7
RGB=64,92,17 CMYK=78,55,100,22
RGB=193,170,118 CMYK=31,34,58,0
RGB=181,135,49 CMYK=37,51,91,0

5.6.2 田园风格——舒适

　　舒适风格的家具的设计更接近自然、体会自然，根据不同的软装饰陈列，在生活空间创造自己的"世外桃源"。田园风格不再是单调的绿色和原木的材料，可以使用其他颜色，材料也可以选用石膏、瓷砖、砖石、木材等。

RGB=198,179,146 CMYK=28,31,44,0
RGB=117,97,94 CMYK=61,64,59,8
RGB=205,196,187 CMYK=23,23,25,0

　　设计理念：刻意裸露砖墙是近来复古风的重要元素之一，裸露形状可以根据自己的想法而进行创意。

　　色彩点评：室内设计崇尚自然，使氛围更为清新，还带有一丝复古气息。

　　🔵 在客厅利用房屋本身的砖块，创作出了一幅世界地图壁饰。

　　🔵 使用了木质家具搭配木地板，搭配砖墙的设计使整个居家空间有着浓浓田园风味。

　　🔵 浅灰色的地毯给人安全的感觉，造型简单的吊灯，更注重实用功能，它们给人一个放松身心的空间。

　　餐厅的角落摆放绿色盆栽植物。在其中一面墙上做了壁画，上面有阔叶植物、鹦鹉、树懒以及星星点点的花朵，搭配墙面上的薄荷绿瓷砖，给人自然典雅的感觉。

RGB=100,146,107 CMYK=57,33,66,0
RGB=88,151,168 CMYK=68,32,32,0
RGB=114,87,102 CMYK=64,70,51,6
RGB=230,163,85 CMYK=13,44,70,0

　　这是一个田园风格的客厅空间，可以看一本好书或和朋友谈天说地地度过一个美好的下午。清新的绿色墙壁和田园碎花图案的椅子，创造了一个舒适、放松的空间。

RGB=133,160,107 CMYK=56,29,67,0
RGB=161,170,49 CMYK=43,29,43,0
RGB=250,131,26 CMYK=23,57,95,0
RGB=171,65,3 CMYK=40,85,100,5

田园风格的设计技巧——碎花图案的妙用

对于田园风格来说，花卉图案的确是极好的，也是人们常用的主题图案。给人一种清新、温馨、婉约、美丽的感觉，尽显田园风情的清新格调。碎花图案也是最能表现田园风格的显著特征之一。

楼梯是建筑物中作为楼层间交通用的构件，在细小的楼梯立面之处每一层都贴上了碎花贴纸，更加突出田园风格。

浅绿色碎花墙纸，给整个空间都添加了田园气息，甜美梦幻、生机勃勃的空间，既温馨又唯美。

粉色的梦幻空间，给人一种粉嫩的少女感受。碎花的沙发和花瓣形的椅子搭配，仿佛生活在美丽的童话世界中。

配色方案

双色配色

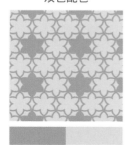

三色配色

四色配色

田园风格设计赏析

5.7 地中海风格

　　地中海风格因富有地中海人文风情和地域特征而得名，由于地中海地区的物产丰饶，拥有长海岸线，且建筑风格多样，日照强烈等因素，从而形成了地中海风格独有的大胆、明亮、简单等特点，白色与蓝色的搭配是地中海风格最具代表性的配色方案，这种配色灵感来源于蔚蓝色的海岸与白色的沙滩。自由、自然、浪漫、休闲是地中海风格装修的精髓。

　　特点：

　　◆　较多的拱形构造来延伸透视感。拱门与半拱门、马蹄状的门窗在建筑中以连续或垂直交接的方式相连接，使空间呈现延伸般的透视感。

　　◆　不规则线条显得更自然，无论建筑还是家具都形成独特的造型，就连墙面上不经意的涂抹也会变成一种不规则的表面。

　　◆　空间多采用木质家具、陶或石板的地面及棉织品的沙发为主。

　　◆　颜色搭配上按照地域可以划分为3种，靠海岸线比较近的地方为经典的蓝白搭配，土黄和红褐色则是因为北非特有的沙漠、岩石等天然颜色搭配土生植物，给人一种浩瀚大地的感觉，黄、蓝紫和绿则是富有浪漫情调的组合，十分具有美感。

5.7.1 地中海风格——清爽

由于地中海风格室内装饰是按区域划分的，贴近海岸线居住的人们，喜欢用白色作为背景，用海洋蓝色做调和色，营造一种清爽自然的氛围。

设计理念：在纯白的空间运用多彩的花纹瓷砖，令人有赏心悦目的视觉观感。

色彩点评：多彩的颜色搭配，给人一种视觉冲击，不同花纹拼接在一起，给人们一种新鲜活泼的感觉。

① 将多彩的颜色图案很好地应用在瓷砖上，混合多种颜色令人在视觉上感到愉快。

② 手工瓷砖具有不可复制性，每一块都是独一无二的，具有艺术性。

③ 在空间构造中保持墙面的周边区域为纯色白色瓷砖，中间的花纹瓷砖为空间创造了一个焦点。

RGB=241,240,240 CMYK=7,6,5,0
RGB=84,58,43 CMYK=64,74,83,40

RGB=152,69,139 CMYK=51,84,18,0

客厅的装饰为地中海风格，装饰使得空间富有表现力。蓝白相互搭配，使得空间色彩明亮、自由奔放。墙上的草帽装饰，拱形的书架设计，都是独特的地中海风格特点。

RGB=241,240,240 CMYK=7,6,5,0
RGB=109,187,225 CMYK=58,15,9,0
RGB=26,38,80 CMYK=99,97,51,24
RGB=127,105,82 CMYK=50,60,70,8

地中海风格中家具的材料大多数是就地取材，地面的铺设、实木的橱柜、桌面凳子都使空间充满自然元素。以蓝色为主的花纹瓷砖为空间添加了亮点。

RGB=241,240,240 CMYK=7,6,5,0
RGB=143,86,67 CMYK=49,72,75,10
RGB=143,179,202 CMYK=52,22,17,0
RGB=20,94,157 CMYK=90,64,19,0

5.7.2 地中海风格——海洋

海洋元素也是地中海风格中的重要表现形式，出海捕鱼的渔船、船长手中的舵、船上的救生圈，蓝天碧海等都展现了异域风情，给人一种自然浪漫的感觉。

设计理念：装饰富有地中海风情的饰品，使得儿童房室内空间简单大方，又不失天真活泼。

色彩点评：白色给人干净明亮的感觉，提升了空间高度。

🔵 墙上挂着的救生圈造型，给儿童房中添加了活泼的趣味。

🔵 白色背景和深蓝色相搭配，给人一种沉稳的感觉，同时加上红色的点缀，则给人带来了热情的感受。

🔵 采用对称式的设计，以矮柜作为分割，使得空间划分更独立。

RGB=255,255,255 CMYK=0,0,0,0
RGB=58,62,97 CMYK=86,82,48,13
RGB=239,19,42 CMYK=5,96,82,0

将海星、船桨组合在一起就变成了一个简单的沙发背景墙，蓝色的方形矮椅给空间添加了大海的颜色。造型简单的家具，营造出清新爽朗的空间。

RGB=244,235,222 CMYK=6,9,14,0
RGB=70,114,157 CMYK=77,53,26,0
RGB=186,160,143 CMYK=33,39,42,0
RGB=214,44,35 CMYK=20,94,93,0

这是一个充满童趣的地中海风格的儿童房，蓝白的格子床单，与窗帘的图案照应。墙上的卡通轮船贴纸，给整个空间添加了天真活泼的气息。

RGB=57,60,131 CMYK=90,87,24,0
RGB=255,255,255 CMYK=0,0,0,0

地中海风格的设计技巧——拱形造型的设计

　　地中海风格受拜占庭艺术影响，曲线造型较多。拱形门窗的设计在观赏中，给人一种延伸般的透视感。在家中对非承重墙的墙面上进行半穿凿或者全穿凿的方式来塑造室内的景中窗。

这是一个拱形的客厅空间，提高空间的高度，白色的墙面搭配天蓝色的天花板和窗帘，给人一种清新的感觉。

拱形回廊是地中海风格的一种重要表现手法之一。本作品中采用连续的拱形造型，保证了视觉角度的开阔。

浴室的门做成拱形，整个走廊也做成拱形通道，在视觉上给人通透的感觉，提升了房屋的空间层次感。

配色方案

双色配色

三色配色

四色配色

地中海风格设计赏析

5.8 中式风格

中式风格是以中国传统文化为背景，打造极具中国气息的居住空间。中式风格设计融合了庄重与优雅的双重气质，散发着极具吸引力的东方魅力。传统的中式建筑例如北京的四合院，四梁八柱的结构特点。中式风格装修设计表达了清雅含蓄、端庄丰华的东方韵味。

特点：

◆ 用名家字画、挂饰画等做墙面装饰，也会摆放古玩、工艺品、盆景加以点缀。

◆ 空间讲究层次，多用隔窗、屏风来分割空间。

◆ 装饰多以木质为主，大多都是以窗花、博古架、中式花格、顶棚梁柱等装饰为主。造型讲究对称性，雕刻绘画、造型典雅。

◆ 色彩多以沉稳为主，表现出中式传统家居的内涵。

◆ 门窗是中式很重要的特点，它们用棂子做传统图案，富有立体感。

5.8.1 中式风格——传统

传统的中式风格是从古代逐步演变而成的，它具有质朴、内敛的特性。传统中式风格非常讲究空间的层次感，在划分空间的情况下采用屏风或窗棂来分割。传统中式风格的色彩表现出沉稳特性，可以通过灯光的照明来提升温感。传统的中式风格主要表现出了中国历史的年代感，讲究四平八稳的对称式的东方雅韵。

设计理念：本作品的装修讲究空间的层次感，注重空间的细节，展现出其内涵的韵律。

色彩点评：居室设计崇尚自然，使氛围感更为清新。

🔵 空间采用对称式的布局，造型朴实优美，把整个空间格调塑造得更加高雅。

🔵 青花瓷的装饰盘和暗黄色的梅花背景墙装饰，更能凸显出东方文化的迷人魅力。

🔵 天花板采用内凹式的方形区域，可展现出槽灯轻盈感的魅力。

RGB=235,229,226　CMYK=10,11,10,0
RGB=203,161,114　CMYK=26,41,58,0
RGB=75,28,24　CMYK=61,89,89,54
RGB=13,12,8　CMYK=88,84,88,75

本作品能够表现出传统中式风格家具的特点。架子床是古代留传下来的非常科学的生活方式，可以保证睡在外侧的人不会落床，床四周加上帷帐，犹如一间小屋别有洞天的感觉。

RGB=221,94,8　CMYK=16,76,100,0
RGB=5,54,220　CMYK=91,75,0,0
RGB=249,252,3　CMYK=12,0,83,0

作品应用暗红色的中式经典手法，把空间塑造得更有古韵，这悠久的点滴余香，让人回味无穷。

RGB=86,18,7　CMYK=57,96,100,50
RGB=187,85,37　CMYK=34,78,97,1
RGB=255,194,169　CMYK=0,34,31,0

5.8.2　中式风格——新中式

新中式风格是指将中国传统元素提炼到现代人的生活中的一种装饰风格，结合现代时尚元素，让古典元素更具有简练、大气的感觉。结合现代元素的中式风格既有中国文化韵味，又有现代生活的简洁。

设计理念：运用中式家具经典的屏风元素，起到分割空间的作用。

色彩点评：红和黑的搭配颇为经典，给人感觉就像理性与感性的完美融合。凸显出空间的尊贵高雅。

🔴 采用屏风来进行卫生间的干湿分离，设计结合中国文化元素。

⚫ 黑色几何造型，沿着地面与天花板进行延伸。使整个空间的东方韵味更加浓厚。

⚪ 白色灯笼吊灯和简约的洗手台设置，给空间添加了一丝现代简约的气息。

RGB=199,21,45　CMYK=28,100,87,0
RGB=0,0,0　CMYK=93,88,89,80
RGB=249,158,87　CMYK=2,50,66,0
RGB=255,255,255　CMYK=0,0,0,0

本作品中现代元素的设计，在空间上体现了简约的现代设计风格。家具、装饰的选择上，茶几采用纯实木的材料，没有做过多的造型设计，沙发背景墙上的装裱字，书架上整齐摆放的书都给空间增添了传统文化氛围。

RGB=218,221,210　CMYK=18,11,19,0
RGB=141,142,137　CMYK=52,42,43,0
RGB=165,137,113　CMYK=43,49,55,0

本作品是开放式的空间装饰设计，使用中式风格设计，令空间更有灵活性，视觉上扩大空间面积，增强空间的功能性。再者结合了当今一些时尚元素，营造出富有中国韵味的空间。

RGB=242,214,197　CMYK=6,21,22,0
RGB=232,230,231　CMYK=11,10,8,0
RGB=166,100,57　CMYK=42,69,85,3
RGB=147,51,53　CMYK=46,91,81,14

中式风格的设计技巧——中式风格的软装饰元素

在居室空间进行中式风格装修时，是将传统与现代的文化进行有机结合，用装饰语言和符号装点出现代人的审美观念。

空间将传统与创新完美地结合，使空间感"艳"而不"俗"，古典的墙面装饰与现代躺椅相结合，把传统文化和现代时尚发挥得淋漓尽致。

整个空间在红色墙纸的映衬下，变得宽敞大气。传统的中式花纹，象征着团团圆圆、和和美美。

整体空间采用深色系为主背景，加上柔和的灯光，给人一种宁静的感觉。吧台的上面为拱形造型，后面摆放东西的架子，给人一种历史的沧桑感。

配色方案

双色配色

三色配色

四色配色

中式风格设计赏析

5.9 混搭风格

　　混搭风格将古今文化内涵完美地结合于一体，充分利用空间形式材料，多种元素共存，各种风格兼容。选取不同的方面，巧妙地把它们从视觉、触觉等方面完美地交织在一起，互相影响并烘托主题。"混搭"不是百搭，更不是生拉硬配，而是和谐统一、百花齐放、相得益彰、杂而不乱。

　　特点：

- ◆　风格一致，形态、色彩、质感各异。
- ◆　色彩不一，形态相似的家具。
- ◆　比较繁杂，家居配饰样式较多。

5.9.1 混搭风格——简约

混搭风格中以简约为主要风格。它是一个不断发展和互相融合的整体，可以使室内的各个风格不再孤立单一，它们相互完善，从而诠释出特有的神韵，营造出独特的魅力与创造性。

设计理念：利用独具风格的装饰品装饰空间。

色彩点评：白色为底色，凸显空间的明亮大方，加上蓝色为点缀色，给人一种眼前一亮的感觉。

🔵 使用造型简单、颜色清淡的柜子，给人一个干净、整洁、简约的生活空间。

🔵 青花瓷盘则作为背景墙装饰，凸显出东方文化的迷人魅力。

🔵 简约风格与中式风格融合在一起，既有古典氛围又有现代简约的气息。

- RGB=207,205,193 CMYK=23,18,24,0
- RGB=232,230,231 CMYK=11,10,8,0
- RGB=67,87,124 CMYK=82,69,39,2

清淡素雅的空间中，窗下摆放着两张法式木椅和略有陈旧的白色桌子。可以感受到一种法式浪漫的氛围。搭配玻璃茶几和布艺沙发则多了一丝现代感，别有一番风味。

- RGB=210,211,208 CMYK=21,15,17,0
- RGB=81,62,59 CMYK=69,73,71,34
- RGB=54,66,66 CMYK=81,69,68,33

一个开放式的空间，客厅中摆放具有古典线条的单人皮革座椅和浅色的布艺沙发。餐厅中则摆放着灯芯绒面餐椅，餐桌上方悬挂小型水晶吊灯，将不同年代的风格完美地展现出来。

- RGB=200,120,67 CMYK=27,62,77,0
- RGB=90,93,148 CMYK=75,68,23,0
- RGB=218,96,49 CMYK=17,75,84,0
- RGB=54,133,148 CMYK=78,40,40,0
- RGB=220,213,207 CMYK=17,16,17,0

5.9.2 混搭风格——新锐

新锐风格的家居设计，其创造功能性合理且让人感受到舒适优美，更能满足人们在物质与精神生活上的双重需求。从中不仅可以寻觅到"疏朗简朴"的影子，还赋予空间无限的生命力。

设计理念：采用木质结构搭建，设计中充分地利用空间摆放物品，灯具造型简单独特。

色彩点评：房间设计崇尚使用原始木质，使房间更加自然朴实。

🔵 简约造型的书架，充分利用空间，从而划分出来一个阅读区域。

🔵 楼梯下方的空间设计成镂空状，可以做成储物空间。楼梯上面的平台也可以设置成软榻。

🔵 木质材质的原木色带给人一种安静、休闲的感觉。

RGB=165,98,71 CMYK=43,70,75,3
RGB=235,236,231 CMYK=10,7,10,0
RGB=175,176,196 CMYK=37,30,15,0

各种风格的混搭融合在一起，整体感觉为美式风格。墙上有挂画，造型不同的灯具摆放在沙发两边，造型古朴的中式座椅放入其中，给人一种沉稳、古典的感觉。

RGB=135,141,97 CMYK=50,42,66,0
RGB=247,243,240 CMYK=4,6,6,0
RGB=207,173,137 CMYK=24,36,47,0
RGB=118,58,50 CMYK=54,83,76,25
RGB=38,35,27 CMYK=79,76,84,61

整体风格为现代风格，颜色的运用上采用了地中海风格的蓝白搭配的特点。背景墙的简单造型好像海洋的波浪，墙上的蓝色边框壁画则对称摆放，绿植的摆放也给空间添加了自然气息。

RGB=249,251,250 CMYK=3,1,2,0
RGB=54,68,103 CMYK=87,79,6,10
RGB=132,155,189 CMYK=55,37,49,0
RGB=180,161,131 CMYK=36,37,49,0
RGB=119,150,72 CMYK=61,33,86,0

混搭风格的设计技巧——空间的巧妙融合

"混搭"不只是把各种风格融为一体，要选定好一个主要的风格，主次分明才能更好地把整体空间变得更时尚更华丽，但切记混搭不是乱搭。

在阳台的空间设置一个工作区域，地面黑白搭配好像钢琴的琴键，给人一种轻快的感觉。悬挂的创意花盆，则使空间更清新、自然。	充满田园风格的碎花壁纸，整体空间给人一种清新、自然的感觉。搭配的单人休闲沙发，不仅不突兀反而使空间多了一丝现代休闲气息。	这是一个 LOFT 风格的空间，利用楼梯墙面的空间，打造成一个三层高的墙体书架，充分地利用了空间，也给主人添加了文艺气息。

配色方案

双色配色	三色配色	四色配色

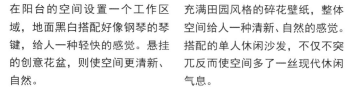

混搭风格设计赏析

5.10 设计实战：为同一空间尝试不同风格

客厅是连接内外和沟通主客情感的主要场所，是看电视、听音乐、家庭聚会的活动中心，具有较高的利用率。所以，客厅所占面积应该大一些，客厅的装修设计往往

也会在某种程度上显示出主人的性格喜好、内涵品位、文化素养，可见客厅风格设计的重要性。

在空间的整体框架不变的情况下，有多种风格可供选择。当前最流行的风格包括欧式风格、古典风格、地中海风格、现代风格、混搭风格等。

空间特点：

图示为客厅的基本结构，客厅面积为 $30m^2$ ，其中一侧墙面有两个窗户，客厅没有过多的复杂结构，空间利用率高。

把握风格：

不能确定自己喜欢的风格，或者是哪个风格更适合自己，可以尝试在同一个空间放置不同风格的家具，以便选择装修风格。

◆ 首先，确定空间结构。首先要考虑整个空间的框架设计，比如空间的线条特点、空间划分特点等。

◆ 其次，选择适合该风格的颜色搭配。比如在现代简约风格中选择浅色系为主色调。

◆ 再次，选择具有代表性的墙面、地面材质。比如田园风格向往自然，所以选用实木、植物等具有自然元素的材料。

◆ 最后，选择风格明显的家具和配饰。比如欧式风格常在客厅中悬挂水晶灯，墙面多用石膏线进行勾边。

精简干练的简约风格客厅	分　析

设计师推荐色彩搭配：

- 本作品是现代简约风格的客厅设计，不需要过多的装饰就能体现其丰富的内涵。
- 整个空间以浅色系为主色调，黄色为点缀色，给人眼前一亮的感觉，使得空间显得格外俏皮可爱。
- 薄纱质感大窗帘，既可以阻挡阳光的直射，也给空间增添了清新、飘逸的感觉。
- 造型简单的落地灯与台灯，可以满足人们在不同情况下的需要，为主人看电视、读书，提供较为合适的光源。

浓郁的古典风格客厅	分　析

设计师推荐色彩搭配：

- 本作品为欧式古典风格的客厅设计，从整体到布局都飘逸着浓郁的厚重感。不仅能够体现出室内所呈现的文化底蕴，又能凸显出居室主人的尊贵身份。
- 使用对称的手法进行家具搭配，令空间更具整体性，让你在居室生活中体会到舒适的温馨感。
- 空间整体使用浅棕色的基调装扮客厅，给人一种沉稳、厚重的体验，也让居住者在生活中体验岁月遗留下来的年代感。

清新的地中海风格客厅	分　析

设计师推荐色彩搭配：

- 本作品是地中海风格的客厅设计，不仅给居住者提供了海风的清凉感，又能让夏日炎热的心情增添一抹清爽。
- 高饱和的蓝色，为空间释放出微妙的海洋味道，使空间展现出浓烈的地域风情。
- 本作品中采用木质家具、棉织品的沙发，呈现出一种自然的感觉。马赛克图案的吊灯，充满了地中海风格的特点，使得空间别具风情。

时尚的前卫风格客厅

设计师推荐色彩搭配：

分　析

- 本作品空间使用时尚前卫的装饰手法，把空间展现得既简练又不失时尚感，可见主人的精心设计。
- 让你的家居生活也变得一样具有前卫时尚感，就要在统一共性的前提下进行大胆的尝试，造型独特多彩的沙发与亮丽的壁纸给空间增加了色彩，体现出青春靓丽的时尚感。
- 简单铁艺造型的台灯、茶几，减少了空间的占用面积，增强了室内视觉的通透性。
- 浅色的窗帘与地毯，使得活泼空间中带有一抹淡雅。

清新自然的田园风格客厅

设计师推荐色彩搭配：

分　析

- 本作品是田园风格的客厅设计，田园风格表达出朴实、亲切、自然，以贴近自然为主。
- 整个空间呈现出清新的感觉，整个风格以浅色系为主题，碎花的墙纸、粉色的布艺沙发、浅绿色的窗帘，都互相照应，给人一种清新自然的感受。
- 实木家具的隽永质感，颇有优雅生活的质感。客厅中放置的花卉架子，令空间更加富有生机。

传统的的中式风格的客厅

设计师推荐色彩搭配：

分　析

- 本作品属于中式风格的客厅设计，把传统结构形式通过民族特点标志符号表现出来，体现出传统文化的审美意蕴。
- 色彩多以沉稳的红棕色为主，表现古典家具的内涵，体现了空间的层次，展现出空间的庄重、厚重的成熟感。
- 空间采用对称式的布局，造型朴实、优美，把整个空间格调塑造得更加高雅。

第 **6** 章 软装饰设计的视觉印象

华丽 / 可爱 / 复古 / 自然 / 时尚 / 青春 / 庄严 / 传统 / 现代

不同于软装饰设计风格，软装饰设计的视觉印象是通过软装饰的颜色、摆放的位置，在视觉上让人产生生理、心理和类似物理的效应，从而形成丰富的联想、深刻的寓意和象征。对于室内装修来说，可以分为华丽、可爱、复古、自然、时尚等视觉效果。

◆ 宽敞的空间中富丽堂皇的装饰、线条复杂的家具、晶莹剔透的水晶灯等，会给人一种华丽、典雅的感觉。

◆ 粉色系会给人带来一种可爱、温馨的感觉。多用于女孩房间的装饰或是婴儿房的装饰，给人一种暖暖的温馨感。

◆ 自然风格体现一种舒适、简朴的感觉，多采用清新的颜色作为主色调，在房屋中摆放绿植，起到减缓压力、放松心情的作用。

◆ 时尚的室内风格给人一种焕然一新的感觉，具有强烈的敏锐感。相对来说，更受现代年轻人的青睐。

6.1 华丽

　　强调以华贵的装饰，浓烈的色彩来装饰空间，给人一种华丽的空间视觉效果。从局部到整体多采用精益求精的雕刻，给人一丝不苟的印象，凸显整个房屋的高贵、典雅的气质，使得空间更加宽敞大气。

　　特点：

◆　多采用造型奢华的水晶灯作为吊灯装饰，给人一种明亮通透的感觉。

◆　大面积的空间中，精美的油画与雕塑工艺品是不可或缺的元素。

◆　颜色上多采用乳白、白与各类金黄色、银白色相结合，形成特有的豪华、富丽的风格。

◆　大量使用石膏、镀金来装饰空间，进而呈现出气势磅礴的景象。

6.1.1　华丽——典雅

宽敞的空间中，以简约的线条代替复杂的石膏线，整体采用较为明亮的乳白色，既保留了华丽感，又给人以典雅的感觉。

设计理念：高度的纵深感，使得空间宽广。

色彩点评：白色为主色调，其他色彩加以辅助，给人一种华丽、空旷的感觉。

🔘 纯白、宽敞的大厅，4个罗马柱的装饰、石膏线的勾边、雍容华贵的落地窗帘，构造出一个华丽精美的空间。

🔘 整个空间从上到下整体贯穿，视觉上宽广绵长。

🔘 大厅中央摆放的圆桌，上面摆放有精致的装饰品，使得整个空间具有层次感。

RGB=243,229,202 CMYK=7,12,24,0
RGB=211,163,112 CMYK=22,41,58,0
RGB=169,136,85 CMYK=42,49,72,0
RGB=14,18,27 CMYK=92,87,75,67

本作品为走廊过渡空间的设计，两边立着的罗马柱，欧式花纹的扶手挡板，还有弧形的吊灯，上面有精美雕刻着的花纹。地砖的设计还可以作为光景，为整个走廊设计增添了别样的华贵感觉。

■ RGB=227,233,214 CMYK=14,12,16,0
■ RGB=110,84,57 CMYK=60,66,82,21
■ RGB=169,139,85 CMYK=42,49,72,0
■ RGB=132,79,25 CMYK=52,72,100,18

本作品为美式风格的客厅设计，采用花色的罗马帘作为窗帘，给人一种高贵、优雅的感觉，隐藏在天花板的灯带和水晶灯装饰，给空间添加了华丽的氛围。

■ RGB=233,230,221 CMYK=11,10,14,0
■ RGB=133,107,92 CMYK=55,60,63,5
■ RGB=147,129,129 CMYK=50,51,44,0
■ RGB=13,7,9 CMYK=88,86,84,76

6.1.2 华丽——奢华

装饰较为豪华，厚重中带着大气，有种磅礴的气势，具备一定的文化底蕴。例如本作品中，大气磅礴的样貌，光彩夺目，与生俱来的高贵、奢华感让人无法忘记。

设计理念：对称式的设计方法，悬挂的水晶吊灯，使得空间层次分明。

色彩点评：浅色系的空间色彩，搭配黑色点缀，使得空间优雅、高贵。

🔘 以白色为主基调，地面采用大理石填铺，地面光滑、有亮泽。

🔘 拱形的设计，增大了空间，提升了空间的层次感。

🔘 吊灯的设计使得空间不会过于空旷，增加了空间层次感。

RGB=233,225,222 CMYK=10,12,12,0
RGB=17,20,27 CMYK=90,85,76,67
RGB=147,129,129 CMYK=50,51,44,0

本作品空间使用大面积白色，对称式的设计方式，配上橘红色的楼梯扶手。复式的楼层设计中，一楼在视觉上给人一种延伸感。

RGB=215,188,174 CMYK=19,29,29,0
RGB=230,167,121 CMYK=13,43,53,0
RGB=121,99,82 CMYK=59,62,68,10
RGB=79,90,98 CMYK=76,64,56,11

本作品采用对称式的手法，墙面上多用复杂的线条，华丽高贵的罗马帘。还有大型的水晶吊灯，使得整个空间金碧辉煌。

RGB=241,227,216 CMYK=7,13,15,0
RGB=107,48,72 CMYK=55,86,84,34
RGB=183,152,87 CMYK=36,42,72,0
RGB=132,79,25 CMYK=52,72,100,18

华丽视觉印象的设计技巧——吊灯照明

　　吊灯是一个空间中闪亮的中心。通常来说，吊灯不宜吊得太矮，以防止阻碍人们的视线。大型的水晶灯悬挂在房屋中央，给人一种奢华、高贵的感觉。水晶灯可应用于多种风格空间中，如欧式风格、美式风格、新古典风格、混搭风格等。

本作品为美式风格的卧室空间设计，格子状的天花板和吊灯错落有致，搭配蕾丝的床上用品，给人一种高贵、典雅的氛围。

天花板吊顶的中央悬挂一个水晶灯，与壁炉两旁摆放的灯具遥相呼应。围绕着茶几，摆放4个单人沙发，便于人们沟通交流。

宽敞的空间，悬挂着具有特点的大型吊灯，周围的壁灯起到了辅助作用。增加了楼房的层次感和纵深感。

配色方案

双色配色　　三色配色　　四色配色

华丽视觉印象设计赏析

6.2 可爱

可爱的室内装修风格具有浪漫唯美的视觉效果，给人以梦幻的视觉印象，通常以暖色为基调。它给人一种轻快活泼的视觉感和一种浪漫主义情怀，给家庭生活增添了一种温馨。甜美的颜色具有糖果般的甜蜜感，符合女性和儿童的需求。

特点：

◆ 多采用粉色系，给空间带来时尚和甜美的效果，体现少女般的梦幻浪漫情怀。

◆ 儿童房中摆放的玩偶，也给空间添加了童趣感。

6.2.1 可爱——娇俏

粉嘟嘟的颜色给人一种可爱的感觉，适合女孩子居住的空间，营造出一种甜蜜、浪漫、梦幻的环境。每个女孩心里都有一个公主梦，在房屋的软装饰设计中可以多使用粉色及其相邻色。

设计理念：使用带床幔的欧式床，可营造出独立、私密的睡眠空间。

色彩点评：大面积地使用粉色，营造出可爱、甜蜜的生活空间。

🌸 精美的床幔从架子上垂直落在地面上，给空间增添了清扬飘逸的感觉。

🌸 粉色的软装饰，在视觉上带给人们一种可爱、俏皮的观感。

🌸 地面上铺着厚厚的白色地毯，人们可以靠着抱枕围绕在软桌周围，聊天谈心。

RGB=226,180,181 CMYK=14,36,22,0
RGB=153,94,131 CMYK=50,72,32,0
RGB=204,203,193 CMYK=24,18,24,0
RGB=234,210,229 CMYK=10,9,9,0

本作品是一个婴儿房的空间设计，整体以粉色作为主色调，给人一种可爱、粉嫩的感觉。地面上厚厚的白色地毯，可以保护孩子不受到伤害。

RGB=233,194, 177 CMYK=11,30,28,0
RGB=223,190,159 CMYK=16,30,38,0
RGB=249,246,241 CMYK=3,4,6,0
RGB=110,65,36 CMYK=56,76,95,30

本作品是一个女孩房的卧室空间设计，以奶黄色为大面积基调，粉色为点缀色，给人温馨、可爱的感觉。灯饰作为天花板上花朵的中心位置，墙角细节位置也有花纹的点缀。

RGB=232,221,199 CMYK=12,14,24,0
RGB=231,154,172 CMYK=11,51,19,0
RGB=239,237,240 CMYK=8,7,5,0
RGB=174,192,192 CMYK=37,19,24,0

6.2.2 可爱——童稚

浅色系的空间装扮，加上简单花纹的墙贴、独特造型的灯饰、可爱的动物玩偶，都给人一种素雅、通透干净的体验。孩子生活在这样的环境中，有助于其他自身健康的成长，给孩子一种积极向上的心理暗示。

设计理念：婴儿房的设计，没有过多复杂的装饰，保证了孩子的安全。

色彩点评：大面积使用白色和浅蓝色，使视觉感官呈现出一种安静、充满趣味的空间。

🌙 充满乐趣的灯饰装饰，有月亮的造型，给人一种梦幻的感觉。

⭐ 星空图案的墙纸，与房间中婴儿床、沙发、窗帘等软装饰相互照应，空间的布局风格相一致。

💧 浅蓝色给人一种安静、祥和的环境氛围。

RGB=191,189,182 CMYK=30,24,27,0
RGB=122,94,83 CMYK=58,65,65,11

RGB=217,225,247 CMYK=18,11,0,0
RGB=241,240,241 CMYK=7,6,5,0

本作品为一个儿童房的空间设计，空间犹如一个八边形的立体盒子，简单的家具布置，搭配浅蓝色天空的壁纸，给人一种清澈湛蓝的感觉，整个空间充满了童趣。

RGB=158,187,212 CMYK=43,21,12,0
RGB=176,167,158 CMYK=37,34,35,0
RGB=239,240,243 CMYK=8,6,4,0
RGB=186,200,125 CMYK=35,15,60,0
RGB=180,59,107 CMYK=38,89,41,0

本作品为一个唯美的、充满乐趣的儿童房设计，墙面以上、下两色分割，搭配简单的树枝贴纸、可爱的卡通挂画，地面上还有一个长颈鹿的玩偶，都使空间充满了趣味，可爱的氛围充斥空间。

RGB=236,211,186 CMYK=10,21,28,0
RGB=242,175,56 CMYK=8,39,81,,0
RGB=132,91,59 CMYK=53,76,83,13
RGB=201,209,78 CMYK=30,11,78,0
RGB=227,66,38 CMYK=13,87,88,0

可爱视觉印象的设计技巧——卡通图案的运用

在人们的第一印象中，卡通图案通常会给人一种可爱的感觉。所以，家中摆放的玩偶、墙纸上的图案、家中床上用品的卡通花纹，这些元素都会给空间增加可爱的气息。同时，也令整个空间更生动活泼。

房间中采用五彩缤纷的瓷砖，给人一种生动活泼的氛围，通过瓷砖可以划分区域。卡通图案的浴帘使得空间更加俏皮、可爱。

简单纯白的空间，挂上一个简单的小牛图案的浴帘，给空间增加了一丝活泼、可爱的气息。

调皮的小猴子在树枝间跳来跳去，墙面上的壁画也延伸为绿色的树林，随着人们的走动，门帘晃动起来，整个空间变得生动、有趣。

配色方案

双色配色	三色配色	五色配色

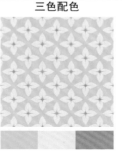

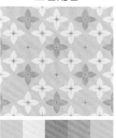

可爱视觉印象设计赏析

6.3 复古

复古是把以前的事物结合现代的元素，引领新的时尚风向。通过留下的文字描述和图像画册，经过想象还原出来的事物，或者是把旧的、破损的物品，经过合理的改造能够再利用。本章主要介绍了欧美的复古风，在设计上追求空间的层次感和家具的线条感，塑造出欧美风格本身的华丽、高贵、典雅。

特点：

◆ 将怀旧的浪漫情怀与现代人的生活需求相结合，既拥有了华贵典雅又兼有时尚品位。

◆ 在颜色使用、风格上保留了传统的历史痕迹和文化内涵。

◆ 简化了纷繁复杂的装饰，提炼出简单的石膏线勾勒框架，符合现代人的审美。

使得空间明亮通透，不会大面积地使用暗黄色、暗红色等。用复古的元素去点缀空间，主要体现在对仿古工艺品和仿古材料的运用。

设计理念：采用原始的木质与石质材料，添加欧式铁艺扶手，深色地毯为点缀。

色彩点评：空间整体大面积使用白色，以木质材料的本质颜色为搭配。表现出自然、古朴的生活方式。

🌸 整个空间装饰大气、明亮。

🌸 二楼的走廊扶手与吊顶相连接，给空间增加动感效果的同时，也增加了安全性。

🌸 深色地毯既保证了家人的安全，也在一定程度上减轻了上下楼所产生的噪声。

- RGB=194,192,195 CMYK=28,23,20,0
- RGB=179,153,128 CMYK=36,42,49,0
- RGB=91,34,17 CMYK=57,89,100,46

本作品是一个浴室的设计，高大的窗户增加了整个空间的通透性。复古的梳妆台搭配软椅摆放在门旁边。整个空间显得高贵、典雅，放松人们的身心，给人享受的感觉。

- RGB=193,103,44 CMYK=31,69,91,0
- RGB=86,40,7 CMYK=59,83,100,47

本作品是一个卧室空间的设计，通过墙面的雕刻和花纹增加了空间的层次感。复古的架子床，给整个空间增添了历史的年代感。

- RGB=226,206,181 CMYK=15,21,30,0
- RGB=140,99,69 CMYK=52,65,77,9
- RGB=187,175,159 CMYK=32,31,36,0

6.3.2 复古——古典

复古风格的特点主要是体现在色彩上，整个空间用复古的壁纸装饰，利用家具的棱角分明的线条突出复古风格的层次和造型。

设计理念：设计上强调简洁，采用古典图案的壁纸，给人一种复古的感觉。

颜色点评：整个空间采用深绿色的壁纸花纹，使得空间具有沉稳的感觉。

🔵 高挑的空间设计，搭配复古斑驳的花纹壁纸，凸显了古典的气息。

🔵 地面铺设圆形环绕的木地板，与圆形的空间极为匹配。

🔵 空间颜色较为统一，没有过于冲突的色彩对比，使得空间显得更柔和、温馨。

- RGB=137,121,97 CMYK=54,53,64,2
- RGB=178,136,74 CMYK=38,51,78,0
- RGB=219,171,112 CMYK=19,38,59,0
- RGB=192,121,82 CMYK=31,61,69,0

整个空间采用深色系装修，墙上的装饰画给空间添加了文艺氛围，增加了空间的尊贵感。石纹的天花板装饰、暗黄色的灯光照射都给人一种神秘、典雅的氛围。

- RGB=732,94,29 CMYK=54,64,100,14
- RGB=190,155,74 CMYK=33,42,79,0
- RGB=46,26,2 CMYK=73,81,99,65

本作品是一个浴室空间的设计，整体采用对称式的设计手法，在中间墙面上运用了马赛克的瓷砖，给人一种高贵、神秘、时尚的氛围。

- RGB=208,195,151 CMYK=24,23,45,0
- RGB=163,165,178 CMYK=42,33,24,0
- RGB=169,122,70 CMYK=42,57,79,1
- RGB=75,70,41 CMYK=71,65,91,36

复古视觉印象的设计技巧——颜色的运用

　　复古一般体现出一种庄重而又有威严感，大方且极具气质的设计同样会给人带来一种威严感，一般复古风格喜欢用深色系，例如灰色、暗红色、咖啡色、乳白色等。

本作品是一个餐厅的设计，咖啡色的地板与餐桌相互照应，给人一种沉稳、大气的感觉，木质柜门的镜子的反射使空间更加宽敞。

大面积地使用乳白色，体现了空间的宽敞明亮，咖啡色的楼梯扶手，地面上瓷砖的花纹，虽然空间装饰简单，但仍呈现出高贵、典雅的氛围。

棕色的书房空间设计，给人一种深沉、庄重的感觉。加上造型独特的螺旋状楼梯的设计，连接着上下空间，起到了点睛的作用。

配色方案

双色配色　　　　　三色配色　　　　　四色配色

复古视觉印象设计赏析

6.4 自然

　　对于高速发展的今天，人们越来越提倡"慢"生活，崇尚回归自然。当然我们也可以从房屋的装修中着手，结合自然的元素改变我们的生活环境，使人们的身心得到舒缓。在材料的运用上多使用木材、石材、编织物等天然材料，给人一种清新自然的体验。

　　特点：

◆　朴实、亲切，贴近自然，向往自然。

◆　多使用实木与石头对空间进行装饰，保持木材和石质原有的纹理和质感。创造自然、简朴的氛围。

◆　各种花卉、绿植的摆放装饰使空间带有浓烈的大自然的韵味。

◆　多用绿色盆栽做装饰，抱枕、沙发等多采用布艺材料，以碎花、条纹图案等为主调。

◆　家具摆放自由随意、简洁复古，舒适实用。

运用原始的材料，没有过多艳丽的色彩，给人一种质朴的自然风格。当你看到充满纹路的不规则墙面，可以感受质朴风情。

设计理念：采用原始的石砖装饰壁炉，添加有关海洋元素，搭配布艺沙发。

色彩点评：空间整体以材料的本质颜色为主体，搭配素色家具，表现出自然、舒适的生活方式。

🔵 壁炉两旁对称的白色柜子，给房间增添了储物空间。

🔵 壁炉上的白色鸭子和船舵装饰品，是地中海风格中比较常见的元素。

🔵 棉麻材质的布艺沙发，增添了淳朴自然的氛围。

RGB=158,152,164 CMYK=44,40,28,0
RGB=220,190,166 CMYK=17,29,34,0
RGB=197,163,126 CMYK=28,39,51,0

这是一个 U 形厨房空间。墙面采用石块整齐堆砌而成，门的造型为拱形设计，墙上钟表的外形仿造舵盘形状，深色木质橱柜，花岗岩台面，给人一种简单、质朴的感觉。

RGB=193,103,44 CMYK=31,69,91,0
RGB=86,40,7 CMYK=59,83,100,47

这是一个 L 形吧台空间，原始的石材台面，深色的整套橱柜，搭配深色的硬木地板和棕色的地板。拱形的墙面造型，拱形的酒柜，都给人们一种质朴、深沉的感觉。

RGB=214,193,161 CMYK=20,26,38,0
RGB=128,66,27 CMYK=51,79,100,23
RGB=66,34,4 CMYK=681,100,56

6.4.2 自然——清新

打造专属自然清新的视觉效果，植物、花草、碎花图案等是必不可少的元素。以白色为主，多用绿色或黄色进行点缀，碎花、藤编织物、素雅的花卉都散发着自然、清新的生活气息。

设计理念：整个空间的木质装饰，清晰的木纹纹理，凸显了自然风格。

色彩点评：纯木的颜色给人一种明亮的视觉观感。给房屋增加了自然清新。

🌑 空间中的颜色都为浅色系，颜色对比弱，给人一种舒适安逸的感觉。

🌑 对称式的空间设计，给人一种整洁的视觉感，搭配天蓝色的窗帘、沙发，茶几上的花艺，给空间增添了勃勃生机。

🌑 在本作品的空间中，使用造型简单的铁艺吊灯最为合适，它没有过多的装饰，给人一种简单自然的感觉。

RGB=227,214,197 CMYK=14,17,23,0
RGB=202,216,217 CMYK=25,11,15,0
RGB=142,100,52 CMYK=51,64,90,9
RGB=23,17,21 CMYK=85,85,79,70

该空间以浅黄色墙面为主体，搭配绿色碎花的布艺沙发，墙角里面的绿植，使得空间展现出清新自然的氛围。整个空间简单、干净，给人提供了一个休息放松的区域。

RGB=255,218,140 CMYK=2,19,51,0
RGB=202,200,117 CMYK=28,18,62,0
RGB=133,70,3 CMYK=51,77,100,20
RGB=206,144,61 CMYK=25,50,80,0

整个空间注重自然舒适性，布艺碎花的沙发，给人一种清新自然的感觉，屋顶上的灯具也是造型奇特，嫩绿的枝丫缠绕在灯饰上，营造出属于自己的自然空间。

RGB=194,184,158 CMYK=29,27,39,0
RGB=146,177,166 CMYK=49,23,36,0
RGB=196,161,170 CMYK=28,41,25,0
RGB=74,80,85 CMYK=76,67,60,19

自然视觉印象的设计技巧——自然材料的运用

　　木质和石材是天然的材料，可以显示出其的天然纹理，给人一种自然粗犷的感觉。

由原始的木质材料搭建的灯棚装饰，可以详细看见房屋的结构，壁炉石质的文化墙装饰，给人们一种大气、原始的自然风格。

本作品是一个自然风格的浴室设计，浴缸设计为下沉式的，用石材堆砌出来的台子、墙壁，给人一种原始、自然的气息。

木质结构搭建的房屋，给人一种结实、可靠的安全感。抬头就可以看到屋顶木材的原始木纹，搭配手工编织的地毯，成为古朴、自然的空间。

配色方案

双色配色

三色配色

五色配色

自然视觉印象设计赏析

6.5 时尚

时尚的室内设计风格会给人焕然一新的感觉，把矜持、庄重发挥得淋漓尽致，突出温馨且不失时尚之感。具有独特的个性，注重个性的宣扬与使用主义，具有强烈的时代烙印，给人活泼亮丽生动的视觉印象。

特点：

◆　具有强烈的独特个人色彩，可以根据主人的喜好选择家中的颜色。

◆　在空间上讲究人性化的处理，以最精简的布局发挥最大的生活机能，多以开放式的空间展现。

◆　在家具的造型上，大胆地把观念艺术尝试运用在环境设计上，结合材料、家具形状等展现出令人赞叹的空间效果。

6.5.1 时尚——LOFT

LOFT 是一种独特的设计风格，拥有着独特的设计理念。将生活与工作区域统一地结合在一起，是一种新型的生活形态，也成为现代年轻人追求个性、向往自由的生活方式的体现。

设计理念：采用方格式的天花、精美的挂画、简约的铁艺吊灯组成一个开放式的空间。

色彩点评：大量运用暖色，使视觉感官更饱满，增强空间感。

🕐 两个铁艺灯的装饰，墙面上的挂画，使得客厅空间更加饱满不空旷。

🕑 开放的空间设计，使各个空间在功能上也相互融合。

RGB=206,199,198 CMYK=23,21,25,0
RGB=17,28,29 CMYK=89,79,78,64
RGB=103,116,126 CMYK=68,53,45,1
RGB=187,166,152 CMYK=32,36,38,0

本作品是开放性的全方位组合空间，虽无较强的隐私性但却富有生活节奏，上方的两层阁楼，门口两侧摆放了书架，使得空间具有随性的艺术美感。

RGB=221,220,225 CMYK=16,13,9,0
RGB=132,123,116 CMYK=56,52,52,1
RGB=172,118,71 CMYK=40,60,78,1
RGB=42,44,43 CMYK=81,75,74,52

本作品是一个儿童房的空间设计，采用独立的梯子连接上下空间，使空间整体具有有效的连接。床下的空间具有多功能性，地面的彩色方块地毯可保护孩子的安全。

RGB=247,234,194 CMYK=6,10,29,0
RGB=153,81,87 CMYK=46,79,100,10
RGB=167,146,111 CMYK=42,44,59,0
RGB=83,52,53 CMYK=66,79,71,39

6.5.2　时尚——新奇

在空间中使用造型奇特的家具，使空间不再是某种固定的风格，不断发展和相互融合的整体，使空间更加完善，诠释出特有的神韵，营造独特的美丽，给人一种新奇、时尚的之感。

设计理念：现代简约的空间风格，纵向延伸凸显空间的立体感与层次感。

色彩点评：洁白的空间里，搭配实木的桌椅，给人一种沉稳安静的感觉。

🔵 造型独特的树木吊灯，给人一种清新、简单的感觉，强调了物与空间的相互关系。

🔵 开放式的空间，既有办公的地方，还有会客的空间，在书桌前面的空间摆放了沙发，也给主人一个放松、休息的休闲空间。

RGB=255,255,255 CMYK=0,0,0,0
RGB=170,106,63 CMYK=41,66,82,2
RGB=94,101,103 CMYK=71,59,56,6
RGB=55,108,121 CMYK=82,54,49,2

本作品是现代简约风格，在楼梯位置的墙面设计，由一个个圆片垂直悬挂而成，极具层次感。玻璃的楼梯踏板，优美的楼梯造型组成的空间极具现代感与观赏性。

RGB=255,255,255 CMYK=0,0,0,0
RGB=35,152,156 CMYK=77,26,42,0
RGB=141,136,130 CMYK=52,45,46,0
RGB=79,79,87 CMYK=75,68,58,17

本作品是混搭风格卧室空间，背景墙的壁纸为家庭成员的照片，床头的木质装饰给空间添加了古朴的感觉，悬挂的彩色编织椅又添加了时尚感。

RGB=226,210,187 CMYK=15,19,28,0
RGB=249,175,27 CMYK=7,29,88,0
RGB=24,26,25 CMYK=29,39,55,0
RGB=220,156,144 CMYK=17,47,38,0

时尚视觉印象的设计技巧——创意新奇的门

创意家居是指有趣的、生动的家具，在外形上不仅时尚，而且力求追求个性，满足人们的生活需求，获得一个戏剧性的效果。

在外观上正面墙为书架，在书架的中间是一个门，打开门就是另一个空间，门的四周尤其是门头空间得到了充分利用。

餐厅的下方为一个酒窖空间。在餐桌的旁边地板上有一个木门，通过螺旋的木门楼梯通往酒窖。

把连通其他房间的墙体做成一个复古的书架，让空间变得更有趣，仿佛家里面多了一间密室，给人一种神秘感。

配色方案

双色配色	三色配色	四色配色

时尚视觉印象设计赏析

6.6 青春

青春的室内装修给人以活泼、激扬、充满活力的视觉印象，使用较为明亮轻快的色彩，多采用暖色系，使得空间具有跳跃的视觉感。表现了一种生活态度，反映了现代年轻人的朝气蓬勃的精神状态。

特点：

◆　空间所用的颜色五彩缤纷，给人一种积极向上，朝气蓬勃的感觉。绿色充满了青春活力，给人充满希望的印象。红色则可以体现活力与热情，黑色具有独立与时尚的意味。

◆　青春是一个美好的象征，这个视觉效果的设计主要应用在儿童房、年轻人的生活空间中，可以表现为率真、活力、希望、独立。

6.6.1 青春——活力

整个空间装饰注重个性的宣扬与功能需求，同时又不失低调与内涵，具有强烈的时代烙印，给人以亮丽而生动的视觉印象。

设计理念：设计中墙面使用亮丽的色彩装饰效果，而且还注意人体工程学。

色彩点评：使用活泼的色彩相互搭配，使视觉感官更饱满，增强空间感。

🟣 充分利用了空间，直线形的厨房设计，具有较强的空间感，体现生活的精致与个性。

🟢 绿色搭配粉色、蓝色具有活力、温馨的感觉，赋予空间生命力。

RGB=228,226,36 CMYK=19,6,87,0
RGB=187,220,187 CMYK=33,4,34,0
RGB=234,165,150 CMYK=10,45,36,0
RGB=96,143,137 CMYK=68,36,48,0

本作品是现代简约风格的卧室设计，以纯白色为主色调，颜色缤纷的床上用品、橘色的花纹窗帘、悬挂座椅上的抱枕和蓝色地毯，都给房间添加了动感与活力。

☐ RGB=255,255,255 CMYK=0,0,0,0
■ RGB=8,201,228 CMYK=68,0,18,0
■ RGB=218,27,40 CMYK=17,97,89,0
■ RGB=243,142,123 CMYK=4,57,45,0
■ RGB=217,6,116 CMYK=19,97,26,0

明亮的蓝色墙壁和办公桌、亚克力椅子、单人床结合起来，提供了睡觉、学习和会客的有趣的空间。从明亮的圆点花纹的床上用品中抽离色彩，并将它们带到整个空间。

■ RGB=164,230,255 CMYK=38,0,3,0
☐ RGB=255,255,255 CMYK=0,0,0,0
■ RGB=213,223,150 CMYK=23,7,50,0
■ RGB=161,113,75 CMYK=45,61,75,2
■ RGB=229,21,115 CMYK=12,95,28,0

6.6.2 青春——个性

在室内设计中凸显主人的个性，摆放具有创意的家具，融合独特的创新设计。在外形上不仅要时尚，还要彰显主人的个性。使得空间具有新鲜感、创造性，展现其独特的魅力。

▊ RGB=220,220,224 CMYK=16,13,10,0
▊ RGB=22,79,126 CMYK=93,74,36,1
▊ RGB=233,160,32 CMYK=12,45,89,0
▊ RGB=43,31,69 CMYK=75,79,91,63

设计理念：儿童房的设计以运动为主体，在空间上进行了分割，增加了孩子的活动范围。

色彩点评：以乳白色为主，深蓝色为辅，展现出一个简洁明快的空间。

🔵 在床的上方空间设置了一个活动的空间，使之变成了"复式"，节约了空间，也给孩子增加了一个活动玩耍的地方。

🔵 在地面上画了一个三分线，设置了一个篮球筐，对于爱好运动的孩子，可以在家里面进行运动。

🔵 整个空间的创意设计，让人眼前一亮。

本作品是现代简约风格空间设计，在房屋内，又放置了房子造型的空间作为睡觉的地方，创造出一个独立、舒适的空间，给人一种新奇感，还有安全感。

▊ RGB=221,201,268 CMYK=17,23,36,0
▊ RGB=33,29,28 CMYK=81,80,79,63
▊ RGB=57,56,96 CMYK=87,87,47,13

整个空间充满了历史年代感，通过合并所有时期和风格，创造具有文化内涵的空间。使用了丰富的调色板和纹理材料，试图用现代的建筑和概念来平衡更真实、更传统的材料和理念。

▊ RGB=192,189,182 CMYK=29,24,27,0
▊ RGB=135,85,74 CMYK=53,72,70,12
▊ RGB=41,42,46 CMYK=82,78,71,51
▊ RGB=204,145,87 CMYK=25,50,69,0

青春视觉印象的设计技巧——墙面的图案

　　墙面的图案花纹可以根据主人的需求进行设计，独特的图案既可以彰显个性，又可以给空间增加动感和时尚性。

墙面上的两个椰子树剪影的贴纸，给空间带来清新感，给人一种热带海边的视觉效果。

本空间为简约风格设计，墙面以磁带的 A 面作为图案，给人一种复古的感觉，体现了年代感。

墙面上运用同色系的线条整齐对称地排列，增强空间的延伸性，在视觉上拓展了空间。

配色方案

双色配色

三色配色

四色配色

青春视觉印象设计赏析

6.7 庄严

空间的装饰由端庄而又具有威严感的元素组合而成，大方且极具气质的设计，给人一种庄严的视觉印象。这需要设计者通过装饰元素和颜色的巧妙搭配，进而设计出适合当时环境的室内设计，以满足人们对空间的不同需求。

特点：

◆ 使用精致的装饰材料和家具，给人一种庄重的感觉。

◆ 多使用色调稳重的黄色，可以营造出宏伟或者安逸的空间。

◆ 主要适用于具有较大空间的房屋，不适合小户型的装饰。

6.7.1　庄严——宏伟

室内设计中宽敞的空间，通过家具与色彩的搭配，呈现出一种庄重、宏伟的视觉效果，使得整个空间具有一种磅礴的气势，给人一种不可小觑的庄严印象。

设计理念：造型独特的天花、精美花纹的地砖等组成了一个大厅。

色彩点评：大面积地使用白色，黑色作为点缀色，给人一种高贵、庄重的感觉。

🔵 宽敞的大厅作为家庭空间的枢纽中心，搭配造型花纹地砖。黑色的地砖具有分割空间的作用，同时给人一种宏伟的庄严感。

🔵 整个空间风格庄严，具有明亮的空间感，造型独特的灯具起装饰作用，与空间的风格也相一致。

RGB=241,240,241 CMYK=7,6,5,0
RGB=165,133,97 CMYK=43,51,64,0
RGB=51,50,49 CMYK=79,74,73,46

本作品采用对称式的设计方法，中间作为浴室的重要设计，采用罗马柱和棕色马赛克的装饰相搭配，宽敞的空间给人一种庄重宏伟的感觉。

RGB=241,240,241 CMYK=7,6,5,0
RGB=138,116,102 CMYK=54,56,59,2
RGB=201,142,59 CMYK=27,50,83,0

宽敞的浴室空间，四周从上到下为落地窗，整个空间给人一种通透明亮的视觉效果。精美的天花板和墙体线条给空间增加了华丽高贵的元素。

RGB=117,107,99 CMYK=62,58,59,5
RGB=228,202,162 CMYK=14,24,39,0
RGB=96,93,97 CMYK=70,63,57,9

6.7.2 庄严——品位

随着时代的发展，人们开始追求高质量的生活方式，室内装修不再是简单地为了居住，而是更注重风格和文化内涵，要求室内空间体现出主人的生活需求和品位。

设计理念：欧式风格的浴室设计，简单的线条装饰给空间增添了华丽的感觉。

色彩点评：大面积地使用乳白色，给人一种洁白的感觉。

🔵 梳妆台搭配软椅摆放在浴缸旁边，整个空间高贵、典雅，放松人们的身心，给人享受的感觉。

🔵 整个空间颜色协调一致，罗马柱和罗马帘相搭配给人一种高贵、典雅的感觉，体现了主人的生活品位。

■ RGB=255,255,255 CMYK=13,12,7,0
■ RGB=195,172,152 CMYK=29,34,39,0

本作品为美式风格的餐厅设计，精致、优美的餐桌，悬挂的华丽吊灯使室内空间极具品位感，使就餐者体验到精致的、舒适的就餐环境。

复杂的品酒室为了保持、控制温度的特点使用质朴的砖墙，内置的酒架和方形的瓷砖地板。房间的中央是一个酒桶桌，搭配皮革和木制的凳子，给人一个舒适、享受的品酒空间。

■ RGB=236,238,243 CMYK=9,6,4,0
■ RGB=105,86,72 CMYK=63,65,71,18
■ RGB=2,2,5 CMYK=93,88,86,78
■ RGB=138,159,166 CMYK=52,33,31,0

■ RGB=20,32,28 CMYK=87,76,82,63
■ RGB=210,189,160 CMYK=22,27,38,0
■ RGB=140,90,65 CMYK=51,70,78,11

庄严视觉印象的设计技巧——酒窖的装饰

酒窖主要需要避光、恒温才能保持酒的品质。随着现代科技的发展，可以将酒窖设计在任何地方，将储藏葡萄酒的功能融入起居环境，与艺术装饰相结合充分展现主人的个人品位。

木质结构覆盖整个房间的墙面，创造一个洞穴般的环境。既是建筑构件，又是家具的一部分，以格子图案排列作为葡萄酒陈列柜。

空间不仅便于储存葡萄酒，也可以品尝它，酒架排列在酒窖的侧壁上，提供了一个幽雅和轻松的品酒的环境。

一排排的酒架排列在酒窖的墙壁上。在房间的中央，一张桌子为品尝不同的葡萄酒提供了适宜的环境。

配色方案

双色配色

三色配色

四色配色

庄严视觉印象设计赏析

第 6 章　软装饰设计的视觉印象

165

6.8 传统

　　传统是一个相对的概念，使用得特别广泛，渗透到人类活动的每一个领域中。传统的室内设计常用实际的材质和不同的形态来进行设计，将传统元素应用到设计中，营造独特的视觉享受，从而带给人们舒适的感觉，展现出精致的传统美感。

　　特点：

◆　具有年代感，颜色使用上采用深色系，给人一种沉稳、大气的感觉。

◆　在材料上使用木材、文化砖等具有复古元素的材质，在视觉上带给人们一种历史年代感。

6.8.1 传统——精致

随着生活水平的不断提高，人们开始向往和追求高品质的生活。在装修上，人们越来越注重装饰材料和家具的质量、外形，注重每一个细节的布置，使整个空间变得精致、舒适。

设计理念：门厅的走廊设计，使用了文化砖的墙面，充分利用墙面的空间。

色彩点评：给人一种充满年代感的印象。

🔵❶ 在墙面上设置了多个挂钩和一个柜子，可以放置东西。帽子、雨伞、钥匙为家人出门必备的携带品，放在明显的墙面上，既有收纳的功能，也提醒人们不要忘记携带。

🔵❷ 一个直达到楼梯的鞋柜，在视觉上延伸了空间感，既可以收纳鞋子，也可以作为换鞋凳来使用。

🔵❸ 屋顶悬挂的老式白炽灯泡，为整个空间照明，同时增强了空间的年代感。

RGB=125,80,59 CMYK=54,72,79,18
RGB=181,183,195 CMYK=34,26,18,0

棕色的木柜与方格天花板与木地板包围了整个空间，增强了历史感，也给人一种平静、传统的感觉。一个质感极好的皮椅，别致的椅子和写字台体现出装饰与艺术完美地融合在一起。

■ RGB=166,139,130 CMYK=42,48,45,0
■ RGB=149,86,68 CMYK=47,74,75,8
■ RGB=32,15,22 CMYK=81,88,78,69

一个经典的餐厅由竹子和装饰雕塑包围，创造一种现代和传统的完美融合感。巨大倾斜的地板反射镜是一个很好的补充，以强调温暖的轨道照明，使房间显得更宽敞。

■ RGB=237,167,94 CMYK=10,43,66,0
■ RGB=167,70,17 CMYK=41,83,100,6
RGB=244,241,242 CMYK=5,6,4,0
■ RGB=38,27,24 CMYK=78,81,82,65

6.8.2 传统——沉稳

室内装修中传统的视觉印象会给人带来沉稳、安静的感觉。一般采用深色系的装修，材料上使用天然的材质，打造一个简洁、明亮的空间，挂饰上也会选用传统的水墨画等，给人带来一种大气、稳重的感觉。

设计理念：棕色木质的墙体柜子，纵向延伸凸显空间的立体感和层次感。

色彩点评：大面积地使用深棕色，给人一种沉稳、大气的感觉。

🌑 充分利用空间，在墙面的全部位置做成了从上到下的柜子，增加了房屋的储物空间，在视觉上延伸了空间。

🌑 两扇明亮通透的窗户，给空间增加了照明，使得房间看起来更加宽敞、通透。

RGB=150,96,66 CMYK=48,69,79,7

RGB=224,219,219 CMYK=15,14,12,0

RGB=87,98,105 CMYK=73,61,54,6

茶馆的简约设计遵循空间最小化原则。茶馆一边为开放式的落地窗，提供朝向花园的视角，另一面则用黏土做墙进行封闭。窗户则是被一层稍微透明的纸所覆盖，它能让光线通过。

RGB=209,184,144 CMYK=23,30,46,0

RGB=139,126,95 CMYK=55,50,67,1

RGB=239,230,212 CMYK=8,11,18,0

RGB=66,65,60 CMYK=75,69,71,35

传统的空间摆设，墙面的颜色为白色，地面及家具采用深色系，使得空间具有层次感。墙上摆放的无画框、照片和桌面上摆放的绿植，都给人一种沉稳、古朴的感觉。

RGB=255,255,255 CMYK=0,0,0,0

RGB=84,89,97 CMYK=74,64,56,11

RGB=114,83,39 CMYK=58,67,97,22

传统视觉印象的设计技巧——门厅的设计

门厅作为进门的缓冲区，起过渡、连接各个空间的作用。当客人来的时候第一印象就是门厅，所谓"开门见厅"，门厅的装饰对于室内装修来说也是很重要的。

打开大门就看见了宽敞的大厅空间，大型吊灯对照圆形花纹的地砖，上面的桌子用于摆放花朵，使空间具有层次感。

纯白的空间中，罗马柱结合拱形造型，使得整个空间具有立体感，提升了室内的整体风格，增加了空间的美感。

金色的大厅空间，给人一种辉煌大气的感觉，深色地砖的花纹，增加了空间的流动性与层次感。

配色方案

双色配色	三色配色	四色配色

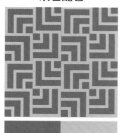

传统视觉印象设计赏析

6.9 现代

现代风格家具将空间装饰得深沉、雅致，同时还具有现代时尚潮流，结合当下人们的生活态度与审美，营造出时尚、前卫、现代的感觉。

特点：

◆ 在装饰与布置中体现出家具与空间的相互协调，造型多采用几何结构。

◆ 基本以"灰白黑"为主色调，或者是使用跳跃色，给人一种眼前一亮的惊喜。

◆ 强调结构和形式的完整，更追求新材料和新技术的合理使用。

◆ 金属是工业革命后的产物，由于线条简单，功能性和美观性不足，具有现代风格家具的特点。将其与软装饰进行合理搭配，能给人带来前卫、潮流的感觉。

现代家居装修设计上都具有个性化的特点，随着人们对生活需求的提高，家庭空间的装修也进一步高端化，使得空间的装修变成具有独特个性的生活环境。

设计理念：对称式的简约空间设计，给人一种高档有品质的感觉。

色彩点评：大面积地使用白色，运用棕色作为点缀色，给人一种干净、沉稳的感觉。

🔵 方形的餐桌可以容纳多人聚到一起，可以让家人在聚餐时增进感情。

🔵 银色拱形的天花板设计，在视觉上增加了空间感，低垂的吊灯拉近了空间距离，而且更好地营造出温馨的气息。

☐ RGB=255,255,255 CMYK=0,0,0,0
▬ RGB=138,97,91 CMYK=53,67,61,6
▬ RGB=198,194,194 CMYK=26,23,20,0

本作品是一个现代风格的厨房设计，橱柜采用 L 形的设计，深棕色的柜门搭配银色的台面，使得整个空间金属质感较强，给人一种高档的感觉。

▬ RGB=205,207,209 CMYK=23,17,15,0
▪ RGB=99,69,60 CMYK=62,73,73,28
▬ RGB=212,192,174 CMYK=21,27,31,0

本作品是一个开放式的厨房空间设计，U 形橱柜的设计，便于人们摆放菜品，方便人们制作食物，白色花纹的大理石台面搭配褐色橱柜，给人一种现代精致高档的感觉。

▪ RGB=224,105,174 CMYK=16,21,33,0
▪ RGB=24,26,39 CMYK=90,87,70,58
▪ RGB=166,168,165 CMYK=40,31,32,0

6.9.2 现代——通透

在空间设计中，利用材料、结构装饰在视觉上、空间上营造出通透感。通过视觉、心理感受合理地运用通透的设计手法改善空间形态，创造出独特新颖的室内空间。

设计理念：美式风格的客厅空间，拱形的落地窗，提升房屋的空间感，给人一种宽敞通透的感觉。

色彩点评：暖色系的墙面和简单的线条的装饰，使得整个空间变得优雅有内涵。

🔶 阳光通过上下两层的落地窗，给整个空间添加了丝丝暖意，同时落地窗也把大自然的清新带进了房屋中。

🔶 蜂蜜色的墙面、橘色的单人躺椅，以及同色系的地毯，都给空间带来一种暖意，使人感受到温馨。

RGB=232,209,178 CMYK=12,21,32,0
RGB=237,150,97 CMYK=8,52,62,0
RGB=238,109,87 CMYK=7,71,61,0
RGB=60,32,11 CMYK=67,82,100,59
RGB=146,125,72 CMYK=51,52,80,2

直通到顶的落地窗为客厅增加了通透感，简化的装饰并不干扰这份通透明亮，棕色木质打造的电视墙，充分利用了空间进行储物，给人一整个宽广、简洁、通透的舒适空间。

原始的哥特式窗户和暴露的钢梁，一个拱形的天花板和玻璃门，开放式的厨房、餐厅空间，屋顶台阶通向一个有全景的露台。使得整个空间更显通透，给人一种明亮、透彻的感觉。

RGB247,243,240 CMYK=4,6,6,0
RGB=52,51,49 CMYK=78,73,73,46
RGB=148,73,44 CMYK=47,80,92,12
RGB=217,195,172 CMYK=18,26,32,0

RGB=203,201,202 CMYK=24,18,19,0
RGB=71,76,80 CMYK=77,68,62,22

现代视觉印象的设计技巧——现代材料的应用

现代生活中，人们习惯采用简约的设计方式，在材料上使用金属、铁艺等，线条简单造型独特的家具，极具现代风格特点。

整个空间采用线条简单的家具，铁艺的座椅、吊灯，都给人一种简洁的感觉。墙面的图案增加了空间纵深感。

使用玻璃作为整个空间的墙面，给人一种明亮、透明的效果，整个空间变得宽敞、通透，也极具现代感。

整体明亮的空间，放置结构简单的铁艺床，灯罩也为铁艺装饰，给人一个简洁、干净的卧室环境。

配色方案

双色配色

三色配色

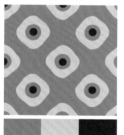

四色配色

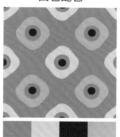

现代视觉印象设计赏析

6.10 设计实战：同一空间，不同家具打造不同视觉印象

卧室是供人休息、睡觉的地方，房间布置得好坏，直接影响人的睡眠质量。在卧室的装修设计应当重视实用性与舒适感的结合，注意灯光造型的立体化以及良好的通风，从而营造出舒适温馨的卧室环境。

在空间的整体框架不变的情况下，通过家具、颜色等软装饰的变换，会给人们带来不同的视觉效果，可以是华丽、可爱、复古、自然、青春等效果。

空间特点：

图示为卧室的基本结构，卧室面积为 $30m^2$，其中一侧墙面有一个窗户，卧室主要为了休息，所以装饰的时候不必过分花哨。

把握视觉印象：

如果不能决定到底哪种风格更适合自己家，不如在同一个客厅空间尝试一下不同的风格。

◆ 首先，确定视觉印象。要考虑到你到底想要得到一个什么样的空间，比如，第一印象是可爱、复古、传统、现代等。

◆ 其次，选择适合的颜色进行搭配。比如可爱的视觉印象可采用粉色和白色相结合。

◆ 再次，选择具有代表性的墙面花纹、地面材质。比如可爱的效果中可以选用带卡通图案的墙纸。

◆ 最后，选择风格明显的家具和配饰。比如现代风格可以选用现代造型的家具，中式传统风格可以选择中式家具。

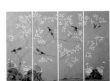

华丽的视觉效果卧室	分　析

设计师推荐色彩搭配：

- 本作品是欧式风格的卧室设计，装饰了床尾椅，给人一种华丽、高贵的感觉。
- 卧室的灯以柔和色调为主，没有采用硕大的灯光，设置了壁灯和台灯，可以分别使用。
- 壁灯灯光柔和，令整个卧室充满温馨，也容易让居住者进入梦乡。台灯的设置适合睡前喜欢看书的居住者。

可爱的视觉效果卧室	分　析

设计师推荐色彩搭配：

- 本作品是一个儿童房的设计，粉色给人一种可爱的感觉，也给房间添加了温馨的氛围。
- 卡通图案的墙纸、窗帘上的可爱图案，在大面积上给空间添加了童趣，使得整个空间变得活泼可爱。
- 地面上的地毯可以保护孩子的安全，同时摆放的画板，可以让孩子发挥想象力，也可防止儿童在墙上乱写乱画。

复古的视觉效果卧室	分　析

设计师推荐色彩搭配：

- 本作品给人一种复古的视觉效果，采用对称式的设计手法，给人一种沉稳的感觉。
- 卧室作为人们休息的空间，不宜使用较为明亮的灯光，所以本作品中只设置了床头灯和壁灯，它们各有各的作用，暖黄色的灯管给人温馨感，有助于睡眠。
- 深色的罗马帘，可以很好地阻挡阳光的照射，保证主人的睡眠质量。

自然的视觉效果卧室

设计师推荐色彩搭配：

分　析

- 本作品是具有自然视觉效果的卧室，卧室采用地中海风格设计而成。大面积地使用蓝色，给人一种身处海洋的感觉。
- 墙面挂饰为地中海风格中的主要元素，船舵和锚，使得空间更加自然清新。
- 在空间悬挂了阶梯形的吊灯，既给空间添加了光源，也不会影响休息。

传统的视觉效果卧室

设计师推荐色彩搭配：

分　析

- 该作品是具有传统视觉印象的卧室空间，整个空间以中式风格设计为主，散发着浓郁的中国文化，给人一种古典儒雅的氛围。
- 成套的红实木家具，传统的造型结构，都具有古色古香的底蕴，其黄色的花纹抱枕则使较硬的家具增添了一丝柔和。
- 窗户附近的空间摆放了一套中式座椅，给人一个茶余饭后休闲、聊天的空间。墙面上的八角墙柜、水墨画起到了点缀空间的作用，使得整个空间更具有传统韵味。

现代的视觉效果卧室

设计师推荐色彩搭配：

分　析

- 该作品属于简约风格的卧室设计，现代质感极强的材质装饰卧室，在视觉上给人一种冲击力。
- 整个空间以功能性为主，没有加入过多的装饰，充分地利用墙面的空间，在墙上做了两个六边形的墙柜，既有实用性，也具有装饰性。
- 充分利用空间，在窗户位置的空间，创造出一个工作区域。因为在窗户的下方，所以具有充足的光照，再加上造型简单的铁艺座椅，使得空间具有通透感。

第7章 室内软装饰设计秘籍

随着时代不断地变迁，人们对生活品质的要求不断提升，对家居装饰也有不断的追求。为了家这个温馨的港湾，在装修时会出现一些烦恼，怎样才能将空间装扮得既精彩又不繁乱？如何把小空间的户型变得更加宽阔？怎样搭配家具？下面教大家一些方法。

◆ 在家居生活装修中要抓住主题，使每个元素要相互融合统一，才能令空间精彩万分。

◆ 狭小的空间可以大面积使用落地窗户或使用镜面装饰令空间更为明亮，也给视觉增加了扩容感。

◆ 注重细节方面的装饰，例如儿童房中的书桌、床的拐角位置等，为了防止磕碰到儿童，在家具的选择上会采用圆角家具，或者是装饰防撞贴。

◆ 在材质的选择上，可以根据主人的要求及空间所要打造的风格，选择实木、铁艺等材质。

7.1 利用镜面装饰扩大空间面积

镜子最基本的用途是用来出门前的衣装整理或是装扮仪容等，但在现代家具装修中，镜子也具有其独特的装饰性。

◆ 精美、精致的镜子装饰，搭配室内其他家具来提升空间品质感。

◆ 因其具有反射光线的能力，产生扩容感，增加空间宽阔感。

◆ 可以利用其反射原理，将充足的光线引入到较暗的房间中，提升空间的明亮度。

本案例的空间不大，但是墙面大量使用镜子，很大地增强了空间，令狭窄的空间在感官上得到提升。

● 在卧室中的主卫空间为镜面做墙围成的，关上主卫浴室的门，主卫空间就被隐藏了起来，给人一种神秘、玄幻感。

● 明亮的镜子在视觉上创造的幻象增加空间，以及反折射自然光。

洗漱台上方采用几块银面镜子拼接成一条镜面墙，对面则使用光滑的黑色瓷砖做墙体，运用镜面反射的作用，相互横向扩容卫浴空间。

● 银镜镜面光亮性好，水银密度高，不易受潮。

● 镜面将空间原本的"尽头"，扩增到另一个"开始"，使空间视觉得到延伸。

● 整个浴室大面积采用木质结构，给人一种天然、简洁的感觉。

小户型的空间中，可以通过放置镜子在视觉上增大空间面积。

● 在客厅的椅子后放置一面大型的镜子，从中可以看到整个空间的装饰，从而在视觉上扩大了空间。

● 蓝色的座椅，红色的装饰作为点缀，使得空间具有现代感。

7.2 用色彩打造空间灵动性

在现代室内设计中，色彩是影响人精神生活的一部分，因此室内色彩的均衡感很重要。要注重色彩的明暗和面积的均衡感，明度高在上，明度低在下，不可产生"头重脚轻"的效果。各区的色调一定要和主色调相互协调。

本作品整体充满了童趣，橱柜使用多彩的颜色，使得整个空间变得"热闹"。

- 明亮的颜色给人一种欢快、活泼的感觉。
- 墙面上有动物头的装饰品与橱柜拉手的动物形态相呼应。
- 把一面橱柜上方的墙面做成黑板墙，橱柜变为复式的空间的地面，使得厨房空间具有层次感。

本作品给人的第一印象就是色彩明丽，颜色多样。

- 本作品的整个墙面装饰了四行多彩的柜子，给人一种多彩亮丽的感觉，同时增加了空间的储物功能。
- 咖啡色的沙发与绿色躺椅起到补充的作用。

本作品给人一种青春、明亮的感觉，使得空间更具朝气。

- 颜色亮丽的挂画给空间添加了活泼的感觉，给人眼前一亮的灵动性。
- 黄色抱枕点缀着深蓝色在下、天蓝色在上的沙发，视觉上带来艺术性的享受，同时与墙壁上的挂画相呼应。

7.3 巧用窗帘装饰空间

如今的软装饰设计当中，窗帘已经成为影响布局设计的重要元素之一。选用窗帘时要注意区域和光线，还要和居室主色调相和谐，而且要考虑空间及窗户的大小，使环境融为一体，强化居室空间格调。

空间的框架为一扇三角窗，三角窗可能会造成许多问题，采用的解决办法是沿着三角窗制作出固定的不带滑轮的轨道。

- 因为三角形独特的结构，使之不能用带滑轮的轨道窗帘，采用分层的设计理念。
- 素雅颜色的窗帘与空间相结合，使空间干净清澈、明了整洁。

本作品空间距离较高、面积较大，从上到下的落地窗，在视觉上给人一种宽敞明亮的通透感。

- 从上到下的落地窗帘拉近空间高度，减少空旷感，令居住者更加舒心惬意。
- 深色的窗帘与石料的颜色相贴近，相互连接着空间，凸显了空间的整体性。

本案例的卧室窗帘采用窗帘布与窗纱的搭配组合。

- 既可以给室内充足的阳光同时减少耀眼的刺痛感。
- 窗帘的丰富层次与装饰性，将卧室营造出若隐若现的迷人景象。
- 咖啡色的窗帘既便于主人的休息，同时保护了主人的隐私性。

窗帘在家居装饰中，能让家居空间变得更加美轮美奂。

- 儿童房的窗帘双层设计，既遮挡了强烈的阳光照射，同时蓝色窗帘的镂空设计，也给空间增加了通透感。
- 白色窗纱与蓝色窗帘相互搭配，给人一种清新的感觉，同时与蓝色的儿童床交相呼应，完美的搭配为空间营造出舒适的和谐感受。

不同的环境对窗帘的要求也不同，客厅的窗帘犹如待客时穿的衣服，让客人感到舒适雅致。

- 窗帘的浅粉色与座椅相对应，精致细腻的面料，凸显出空间高贵华丽的气息。
- 绸缎布料的窗帘质地细腻、豪华艳丽，带着与生俱来的华贵气质。

7.4 让楼梯的空间变得丰富多彩

楼梯是楼层间交通用的主要构件，楼梯的造型还起到点缀空间的作用。在家庭装修过程中楼梯往往会被忽略，如若把楼梯及其周围好好规划一番，巧妙地处理，也能起到很好的装饰、收藏和展示作用，让生活更加惬意。

本作品以黑白灰为空间主调，造型独特的楼梯，给人一种极强的现代感。

- 造型独特的楼梯踏板，在视觉上带给人们奇特玄幻的感觉，使得空间错落有致。
- 通过透明的玻璃挡板给人一种印象，楼梯在半空中漂浮。
- 深色的踏板，可以给人一种心理上的安全感。

利用楼梯下方垂直死角空间，打造了一个书架，活用了空间死角。

- 完美地利用空间，把楼梯拐角处设置为书架，方便主人取书用书，同时可以摆放一些饰品。
- 与空间中的桌椅相结合，保证主人有一个阅读的地方，节约了空间。

本作品将楼梯做成了一个装饰性和功能性相结合的楼梯，给空间带来了灵活性、流动性。

- 实木材质的楼梯可调理空间的湿度，给人一种舒适感。
- 楼梯为双通道设计，一边为滑梯，一边为楼梯，给生活添加了生活情趣，使主人拥有回归到童年的感觉。

本作品为现代感极强的空间，经典格调搭配，墙上的挂画给人一种复古氛围。

- 铁艺的简单楼梯造型，安全的玻璃挡板，给人一种通透明亮的感觉。
- 利用楼梯空间下的死角，设置了具有阅读功能的读书角，明媚的阳光通过窗户照射进来，带来了充足的光照，方便人们阅读、休闲。

7.5 充分利用空间陈列家具

作为小户型的居室，释放空间才能使生活更加舒适。进行软装饰设计时，要合理规划使空间得到充分的利用，同时也要兼顾居室的层次感。

整个阁楼的空间被充分地利用起来，变成了一个清新的儿童房空间，空间具有多功能性。

- 本作品为层高过高的空间，在房屋空间中开辟了一个卫生间，使得整个空间功能齐全。
- 把卫生间上方的空间做成了隔断，便成为阁楼空间，给予孩子玩耍娱乐的空间。

小空间、大功能，在本作品的儿童房中充分地体现出来。

- 墙上吊起的实木单人床，窗下的位置给房屋省出了一大部分空间。
- 即使在房屋中放置了一架钢琴，一个学习桌，空间也不拥挤，阳光通过两扇明亮的窗户使得房屋看起来更加宽敞。

本作品把书房、卧室统一，构成空间一体化的效果。

- 本作品体现了"麻雀虽小，五脏俱全"，充分利用空间使其具有多功能性。
- 在窗户旁边的墙面做了一个一体化的柜子，既可以作为书架，也具有储物的空间，没有一丝浪费。

7.6 打造自然风情的居室空间

　　随着生活水平的提高，人们也开始注重家居装饰，注重家具的材料用料，采用木材、石材、编织品在空间中装饰，给人一种天然清新，淡雅干净的感受。在有限的空间营造品位独特、集实用性与美感于一体的室内环境。

本作品采用砖块造型的轻体，使得环境粗犷豪放、纯净自然，给人一种质朴的感觉。

- 上下墙面分离的独特结构造型，在视觉上给人一种新奇的感觉，使得空间具有层次感。
- 墙面的设计保持了石材原有的纹理和质感，洗手池的造型与之相呼应。

本作品是一个酒窖的空间，居室空间采用天然的材质，呈现空间的整体美观性。

- 简约线条的天花板，使得空间上具有错落感，为空间创造出独特的艺术视觉效果。
- 一个大的地中海酒窖空间设计，米色的石灰石地板，石材堆砌的墙体，都凸显时尚典雅的自然风。

本案例为开放式的对称设计空间，采用传统的木质结构构成整个空间。

- 长方形的天花板，线条简单，也扩宽了空间的视野。
- 自然的地板，整个家庭空间坚持使用天然的木质装修完成，地毯通常是固定空间，提供安全和温暖。

7.7 领略开放式格局

开放式格局具有扩宽空间的视觉效果的功能，使得空间不会显得狭窄有压迫感。但开放空间最容易出现的问题就是空间杂乱没有条理，可以通过家具、天花板造型等来区分空间，同时在颜色的使用上要禁忌多种颜色的乱用。

本作品是一个开放式通风布局宽敞的阁楼。

- 开放式厨房、起居和就餐区。裸露的砖和木质横梁、高耸的天花板，给人一种视野开阔的感觉。
- 通过墙面上的大窗户和天窗透过的自然光，使得空间更加宽敞明亮，让居住者拥有神清气爽、愉悦欢快的心情。

本作品利用厨房、餐厅和客厅贯穿的开放式格局给人一种视野开阔的感觉。

- 采用素雅的色调加上自然的木材，清晰地划分空间区域。
- 线性的横梁串联着空间整体，而大型的窗户与门洞的设计令空间更加敞亮、宽敞。

本作品以浅色为主色调，以中间的壁炉划分空间。

- 阳光通过落地窗照射进来，使得空间宽敞明亮，给人带来一种愉悦的心情。
- 通过壁炉的划分，使得整个空间具有四个功能，各个空间相互连接。
- 统一的地板连接了空间，但白色的简单地毯又划分出格局，既宽敞美观又不显得凌乱。

7.8 巧妙运用灯光效果

在家居装饰中灯光是最好的配合者，一款别致的灯饰能给家居装饰带来视觉上的灯光体验，同时温暖亲切的灯光效果，也为温馨的居室增添了艺术韵味。

卧室作为休息、睡觉的地方，通常使用柔和的灯光，太过明亮的灯光会影响人们入睡。

- 沿着房屋四周悬挂的小型吊顶给空间带来均匀柔和的光照，营造出温暖的视觉感受。
- 暖黄色的灯光，给人一种温暖、舒适的感觉，有助于人们进入睡眠。

本作品卧室采用多种照明组合的方式，使卧室每个角落都得到了光的照射，营造出温馨的氛围。

- 使用台灯与吊灯组合光源，灯光打造的空间散发着温馨的暖意并且更具有排解压力的舒适感。
- 墙面上的镜子在一定程度上扩大了空间，在视觉上使得空间面积增大。

本作品使用精致小巧的吸顶和造型简单的吊灯，柔和的灯光给人营造出浪漫感。

- 大厨房将先进的电器设备与节能 LED 和紧凑型荧光灯设备结合在一起。
- 餐桌上方的吊灯，给人温馨的感觉，照射到食物上，增加人们的食欲。

7.9 安全舒适的儿童房

儿童房是孩子休息、学习和玩耍的地方，因此布局要注意安全、通风、环保。儿童房的地板最为重要，注意防滑避免孩子跌倒磕伤。而且儿童房空间不宜太满，要给孩子足够玩耍的空间。

本作品是一个儿童房，独特的构思理念给儿童在家中创造出一个童话世界。

- 空间设计打破了以往的陈旧，奇思妙想的设计完全符合儿童敏捷的思维和活泼的心灵。
- 圆形的帐篷设计，给孩子一个不一样的玩耍空间，柔软的坐垫，仿佛是另一个生活空间。

本作品的儿童房设计，注重其实用性能。

- 简单的空间设计，用实木的材料制作了一个家具，在墙上制作出一个独立的空间，使整个空间具有新奇、独特的感觉。
- 将空间中的一面墙制作成黑板墙，给孩子自由发挥的空间。

本作品为多功能的儿童房空间设计。注重实用性与安全性。

- 浅蓝色的墙壁和条纹的图案延伸空间视觉感受。
- 整个空间整体提高，增加了储物空间，白色的整体家具，给人一种干净、简洁、明亮的感觉。

7.10 干湿分离的卫浴空间

卫浴提供给居住者洗漱、浴室、厕所的三种功能。卫浴设计以简单方便为主，而且造型精致简单，在视觉上达到清爽利落的效果，但要注意通风、防潮。

以清新素雅的白色为主色调，摒弃了复杂的外形结构，巧妙地利用每一个空间。

- 卫浴空间要注重干湿分离的格局，本作品中就采用干湿分离的设计理念。
- 洗手池上旷阔的镜面有效地扩大了卫浴的面积，给人一种清凉的视觉感。

整体空间划分规则，良好的通风和采光可以在人们泡澡时，带给人们一种舒适的享受。

- 泡浴与淋浴完全分开，既可以享受浴缸的尊贵慵懒，又可以享受淋浴的方便快捷。
- 大量的玻璃元素植入并巧妙地划分，增大了空间面积，给人一种清凉的感受。

本作品采用干湿分离的设计理念。

- 浴缸泡澡可以给人一种舒适放松的享受，本作品中采用人体工程学打造的白色浴缸，使泡浴者有个舒适的享受。
- 干湿分离的理念是指保持沐浴之外的场地干燥卫生，同时也可以方便两人共同使用卫浴。

7.11 巧妙布置室内植物

　　家居装饰要达到美观、舒适的要求，不仅可以配备必要的家具，还可以巧妙地运用一些花卉植物点缀，植物在室内装饰也称植物造景艺术。人们将自然界的花卉植物引入到室内可以达到赏心悦目、舒适宜人的美化效果。

本作品为浴室空间的设计，注重了实用性与艺术性的结合，给人一种放松、自然的氛围。

● 浴室的矮墙墙面与自然植物结合，以保持温暖和空间湿度，减少浴室空间的坚硬感。
● 整个空间充满了大自然的气息，给人带来一种舒适放松的感觉。

在电视墙的附近放置一盆绿植，给空间增添了自然的氛围。

● 在房屋中摆放绿植，给人带来一种生命力旺盛的感觉，黄色的花盆给空间添加了色彩。
● 绿植可以美化环境、净化空气，为空间增添自然的氛围，也体现主人热爱生活的态度。

本作品为干练明了的空间设计，花是浪漫的使者，在空间中摆放花卉，提升居室的优雅、自然，增添空间的韵律美。

● 一簇与室内色彩相和谐的花束，轻盈而纤细，给人寂静芳香、高雅脱俗的感觉。
● 白色花盆衬托绿色花身显得淳朴大方，充满平和感。

7.12 创意家具的摆放

创意家具指有趣的、生动的家具，外型时尚有个性，将富有创造性的思想、理念以混色的方式延伸，展现出独特美丽。

本作品采用各种别致、新颖的造型，给人一种新奇的感受。

● 白色的空间氛围让一切回归生活的简单质朴，在白色柜子的中间制作两个红色圆形的空间，可以在其中躺着休息。节约了空间，也使得整个空间具有个性。

● 另一面的黑板墙给了孩子放飞思想的空间。

居室整体以白色为主色调，实木的家具为主体，给人一种简约朴素的感觉。

● 床的选择具有独特性，上层床为固定在墙上的单独床体，下层则是可以滑动的床体，不使用的时候可以竖起来放。

本作品以儿童乐园为主题设计而成，独特的构思让孩子在家中拥有一个游戏场所。

● 将空间中的一面墙分为两部分，一部分设计成一个可以攀岩的场所，既可以保证孩子活泼好动的个性得到散发，同时可以锻炼身体。

● 另一部分为一面黑板墙，上面同时安装了电视，让孩子在玩的时候就尽情地玩耍，学习的时候就安心地学习。

7.13 家居设计中的人与环境融合

室内设计、软装饰设计都要研究如何让人与环境相融、相宜、相合。也可以对家居内部与外部环境进行细致分析，对家居环境进而优化、改造环境。合理的色彩搭配、陈列方式会令人感到舒服、安心，否则会影响人的睡眠、健康，从而影响人的工作、生活。

卧室设计，房门不宜与卫生间、厨房相对，防水气等异味扩散；床头不宜对着门口，防做噩梦或产生幻觉；床头上方不易悬挂物品，有助于人的睡眠。

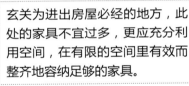

- 床体高度略高于膝盖，窗帘的设置，柔和的灯光设置，都有助于人们睡眠、休息。
- 空间中有多扇窗户，有利于室内空气的流通，保证了卧室空气的质量。

玄关为进出房屋必经的地方，此处的家具不宜过多，更应充分利用空间，在有限的空间里有效而整齐地容纳足够的家具。

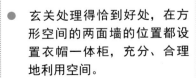

- 玄关处理得恰到好处，在方形空间的两面墙的位置都设置衣帽一体柜，充分、合理地利用空间。
- 防滑的木质地板、脚踏垫使得整个空间整洁明亮。

书房装饰，桌子要宽广、外观养眼，椅子背后要有靠头，而环境要不受干扰。书房中不能设置电视，以防止分神，影响学习或工作。

- 采用实木凝重的色彩装饰书房，拥有厚重的质朴感，有利于人的思考。
- 书房可以作为主人在家办公的场所，在书房之中放置沙发，给人们之间交谈提供了场所。

玄关是家庭房屋的第一道风景线，是房门入口的一个区域，主要是为了增加主室内的私密性，避免客人入门的时候对房间一览无余，在视觉上起到遮挡的效果。同时因为玄关是访客进入居室的第一印象，因此它的格局与照明也是十分重要的。

本作品空间整体格局简单明晰，黑白色调的对比，给人一种时尚的感觉。

● 在入户的玄关空间，放置柜子、衣架、长椅，方便人们放置一些出门所需的物品及鞋子的收纳。
● 长椅的设置，可以作为穿鞋凳，也可以作为一个休闲空间，加上阳光照射，使得空间清澈明亮。

本作品带你领略个性与生活的完美结合，打造低调又富有品位的生活居所。

● 地面为深棕色，由深到浅，由暗到明的色彩搭配，增加了空间的层次感。
● 大厅空间摆放了一架钢琴，提高了空间的气质，同时向访客展示了主人的生活品位。

利用展示性和实用性的特点来规划玄关。

● 蓝、白色的墙体形成冷暖对比，提升空间的亮度，加上摆放的桌椅，使得空间时尚又不死板。
● 大型的玄关装饰，不仅起到遮挡的效果，还可以起到休闲放松的作用。

7.15 既做到省钱，又能装修出好的空间

　　大家都知道装修比较烦琐，因而，我们要合理地规划。在装修时，不能一味地听从别人安排，要吸取他人经验同时结合自己的独到见解，进行修改调整，将装修进行阶段化划分，就会轻松地完成家居装修。

本作品设计手法简单又不缺少时尚，便捷又节省空间。

- 电视柜的空间大方又简洁，中间为电视，两边对称式的设计装饰。
- 简约的空间设计，沙发对称式地摆放，可以有助于家人的情感交流，使得空间丰满不空旷。

本作品整体空间使用干练的表现手法，使用创意家具进行装饰。

- 在小空间中为了节省空间，运用了抽拉床，当朋友到来的时候，把床下面的抽屉拉出来，就可以得到一张单人床。
- 整个空间小巧但功能性齐全，具有多功能性。

本作品利用客厅沙发后的部分做了一个具有书房功能性的空间。

- 客厅和书房结合为一体，节省了再造书房的空间。
- 考虑到实用性、合理性的需求，订制打造了简易柜子，作为书架、收纳柜来使用。